66 매일 성장하는 소등 사기개말서 99

ⓦ 완자

공부력

ⓠ 왜 공부력을 키워야 할까요?

쓰기력

정확한 의사소통의 기본기이며 논리의 바탕

연필을 잡고 종이에 쓰는 것을 괴로워한다!
맞춤법을 몰라 정확한 쓰기를 못한다!
말은 잘하지만 조리 있게 쓰는 것이 어렵다!
그래서 글쓰기의 기본 규칙을 정확히 알고
써야 공부 능력이 향상됩니다.

어휘력

교과 내용 이해와 독해력의 기본 바탕

어휘를 몰라서 수학 문제를 못 푼다!
어휘를 몰라서 사회, 과학 내용 이해가 안 된다!
어휘를 몰라서 수업 내용을 따라가기 어렵다!
그래서 교과 내용 이해의 기본 바탕을
다지기 위해 어휘 학습을 해야 합니다.

독해력

모든 교과 실력 향상의 기본 바탕

글을 읽었지만 무슨 내용인지 모른다!
글을 읽고 이해하는 데 시간이 오래 걸린다!
읽어서 이해하는 공부 방식을 거부하려고 한다!
그래서 통합적 사고력의 바탕인 독해 공부로
교과 실력 향상의 기본기를 닦아야 합니다.

계산력

초등 수학의 핵심이자 기본 바탕

계산 과정의 실수가 잦다!
계산을 하긴 하는데 시간이 오래 걸린다!
계산은 하는데 계산 개념을 정확히 모른다!
그래서 계산 개념을 익히고 속도와 정확성을
높이기 위한 훈련을 통해 계산력을 키워야 합니다.

세상이 변해도
배움의 즐거움은
변함없도록

시대는 빠르게 변해도
배움의 즐거움은
변함없어야 하기에

어제의 비상은
남다른 교재부터
결이 다른 콘텐츠
전에 없던 교육 플랫폼까지

변함없는 혁신으로
교육 문화 환경의 새로운 전형을
실현해왔습니다.

비상은 오늘, 다시 한번
새로운 교육 문화 환경을 실현하기 위한
또 하나의 혁신을 시작합니다.

오늘의 내가 어제의 나를 초월하고
오늘의 교육이 어제의 교육을 초월하여
배움의 즐거움을 지속하는 혁신,

바로, 메타인지 기반 완전 학습을.

상상을 실현하는 교육 문화 기업 비상

메타인지 기반 완전 학습
초월을 뜻하는 meta와 생각을 뜻하는 인지가 결합한 메타인지는
자신이 알고 모르는 것을 스스로 구분하고 학습계획을 세우도록 하는
궁극의 학습 능력입니다. 비상의 메타인지 기반 완전 학습 시스템은
잠들어 있는 메타인지를 깨워 공부를 100% 내 것으로 만들도록 합니다.

완자

공부력

초등 수학
계산 1B

초등 수학 계산
단계별 구성

1A	1B	2A	2B	3A	3B
9까지의 수	100까지의 수	세 자리 수	네 자리 수	세 자리 수의 덧셈	곱하는 수가 한·두 자리 수인 곱셈
9까지의 수 모으기, 가르기	받아올림이 없는 두 자리 수의 덧셈	받아올림이 있는 두 자리 수의 덧셈	곱셈구구	세 자리 수의 뺄셈	나누는 수가 한 자리 수인 나눗셈
한 자리 수의 덧셈	받아내림이 없는 두 자리 수의 뺄셈	받아내림이 있는 두 자리 수의 뺄셈	길이(m, cm)의 합과 차	나눗셈의 의미	분수로 나타내기, 분수의 종류
한 자리 수의 뺄셈	100이 되는 더하기, 10에서 빼기	세 수의 덧셈과 뺄셈	시각과 시간	곱하는 수가 한 자리 수인 곱셈	들이·무게의 합과 차
50까지의 수	받아올림이 있는 (몇)+(몇), 받아내림이 있는 (십몇)-(몇)	곱셈의 의미		길이(cm와 mm, km와 m)· 시간의 합과 차	
				분수와 소수의 의미	

초등 수학의 핵심! **수, 연산, 측정, 규칙성** 영역에서
핵심 개념을 쉽게 이해하고, 다양한 계산 문제로 계산력을 키워요!

4 A	4 B	5 A	5 B	6 A	6 B
큰 수	분모가 같은 분수의 덧셈	자연수의 혼합 계산	수 어림하기	나누는 수가 자연수인 분수의 나눗셈	나누는 수가 분수인 분수의 나눗셈
각도의 합과 차, 삼각형·사각형의 각도의 합	분모가 같은 분수의 뺄셈	약수와 배수	분수의 곱셈	나누는 수가 자연수인 소수의 나눗셈	나누는 수가 소수인 소수의 나눗셈
세 자리 수와 두 자리 수의 곱셈	소수 사이의 관계	약분과 통분	소수의 곱셈	비와 비율	비례식과 비례배분
나누는 수가 두 자리 수인 나눗셈	소수의 덧셈	분모가 다른 분수의 덧셈	평균	직육면체의 부피	원주, 원의 넓이
	소수의 뺄셈	분모가 다른 분수의 뺄셈		직육면체의 겉넓이	
		다각형의 둘레와 넓이			

특징과 활용법

하루 4쪽 공부하기

✳ 차시별 공부

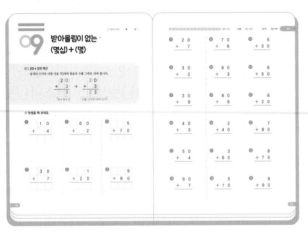

✳ 차시 섞어서 공부

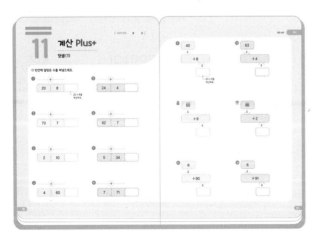

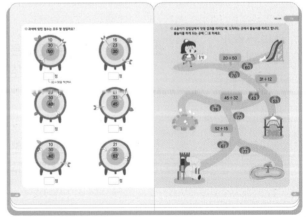

✳ 하루 4쪽씩 공부하고, 채점한 후, 틀린 문제를 다시 풀어요!

✅ 책으로 하루 4쪽 공부하며, 초등 계산력을 키워요!

✅ 모바일로 공부한 내용을 복습하고 몬스터를 잡아요!

공부한 내용 **확인하기**

모바일로 **복습하기**

✳ **단원별 계산 평가**

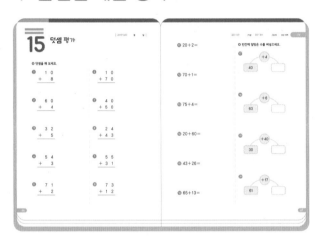

앱 다운받기　　책 인증하기

✳ **단계별 계산 총정리 평가**

✳ 그날 배운 내용을 바로바로,
또는 주말에 모아서 복습하고,
다이아몬드 획득까지! 💎
공부가 저절로 즐거워져요!

✳ 평가를 통해 공부한 내용을 확인해요!

차례

1

100까지의 수를 쓰고 **읽고**,
수의 순서를 알고 **크기**를 **비교**해 보는 연습이 중요한

100까지의 수

01 몇십

60, 70, 80, 90 알아보기

10개씩 묶음	6	7	8	9
쓰기	60	70	80	90
읽기	육십, 예순	칠십, 일흔	팔십, 여든	구십, 아흔

○ 모형을 보고 ☐ 안에 알맞은 수를 써넣으세요.

1

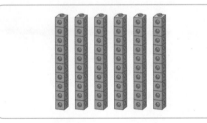

10개씩 묶음 ☐ 개 ⇨ ☐

2

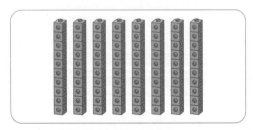

10개씩 묶음 ☐ 개 ⇨ ☐

3

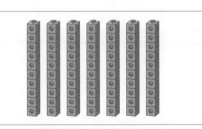

10개씩 묶음 ☐ 개 ⇨ ☐

4

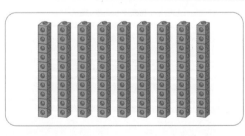

10개씩 묶음 ☐ 개 ⇨ ☐

◎ ☐ 안에 알맞은 수를 써넣으세요.

5 10개씩 묶음 8개

⇩

☐

9 90

⇩

10개씩 묶음 ☐ 개

6 10개씩 묶음 6개

⇩

☐

10 70

⇩

10개씩 묶음 ☐ 개

7 10개씩 묶음 9개

⇩

☐

11 80

⇩

10개씩 묶음 ☐ 개

8 10개씩 묶음 7개

⇩

☐

12 60

⇩

10개씩 묶음 ☐ 개

○ 수를 쓰고 읽어 보세요.

13
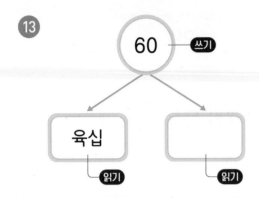

17
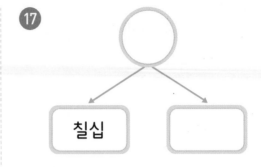

14
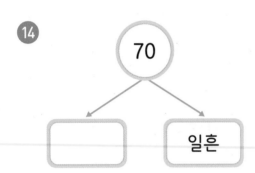

18
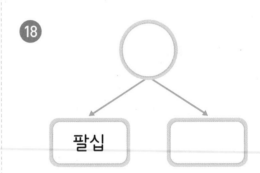

15
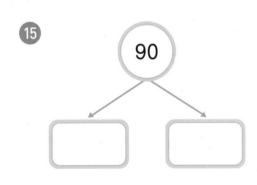

19
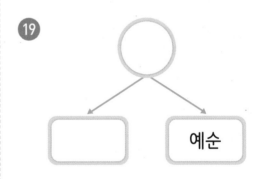

16
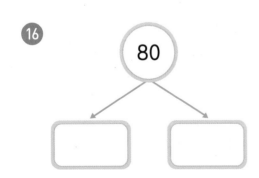

20
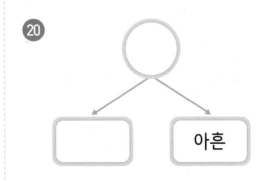

◉ 구슬의 수를 세어 ☐ 안에 알맞은 수를 써넣고, 그 수를 두 가지로 읽어 보세요.

21

☐ (,   )

22

☐ (,   )

23

☐ (,   )

24

☐ (,   )

02 99까지의 수

62 알아보기

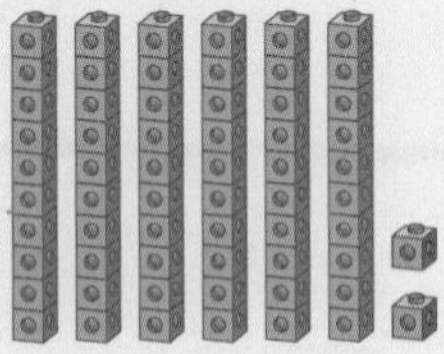

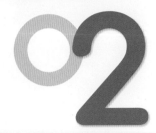

10개씩 묶음 6개와 낱개 2개 → 쓰기 62 읽기 육십이, 예순둘

모형을 보고 빈칸에 알맞은 수를 써넣으세요.

1

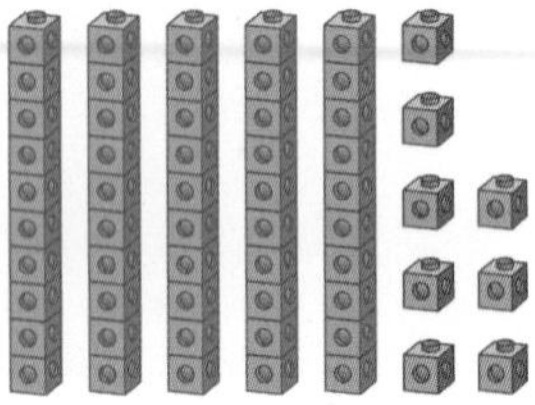

10개씩 묶음	낱개

⇨ ☐

2

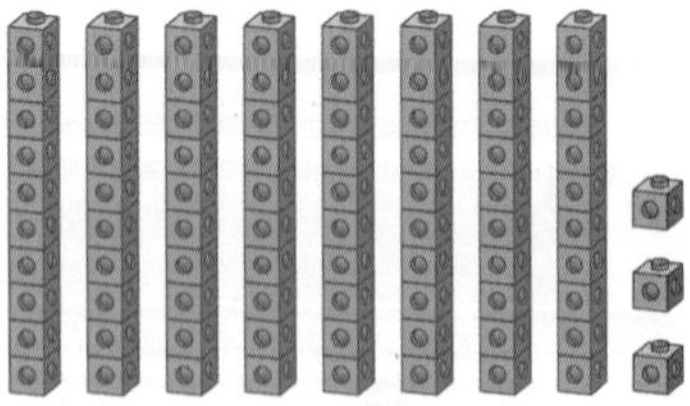

10개씩 묶음	낱개

⇨ ☐

3

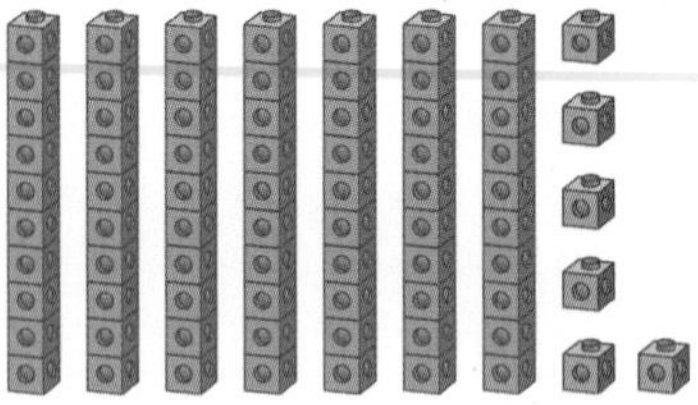

10개씩 묶음	낱개

⇨ ☐

4

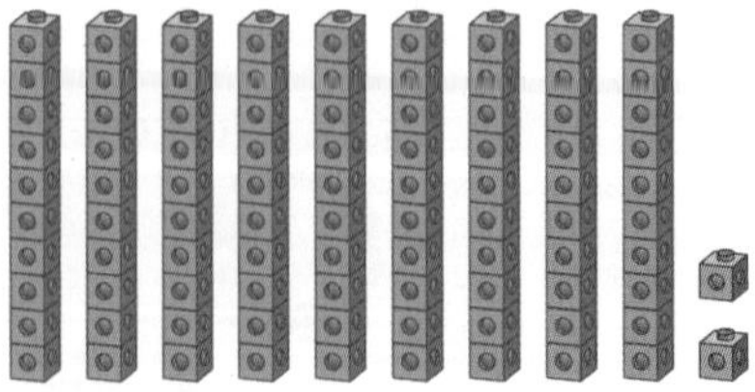

10개씩 묶음	낱개

⇨ ☐

○ 빈칸에 알맞은 수를 써넣으세요.

5

10개씩 묶음	낱개
6	5

⇨ ☐

6

10개씩 묶음	낱개
7	9

⇨ ☐

7

10개씩 묶음	낱개
9	3

⇨ ☐

8

10개씩 묶음	낱개
5	4

⇨ ☐

9

10개씩 묶음	낱개
8	6

⇨ ☐

10

57 ⇨

10개씩 묶음	낱개
	7

11

82 ⇨

10개씩 묶음	낱개
	2

12

69 ⇨

10개씩 묶음	낱개
6	

13

98 ⇨

10개씩 묶음	낱개
9	

14

74 ⇨

10개씩 묶음	낱개

○ 수를 두 가지로 읽어 보세요.

15 53

오십삼 |

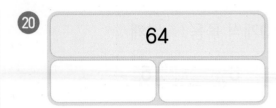

20 64

|

16 91

 | 아흔하나

21 89

|

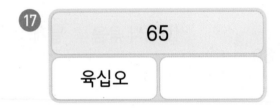

17 65

육십오 |

22 57

|

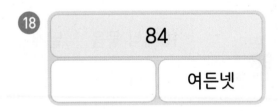

18 84

 | 여든넷

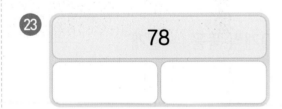

23 78

|

19 72

칠십이 |

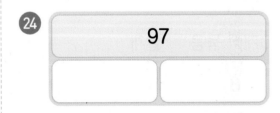

24 97

|

○ 곶감의 수를 세어 ☐ 안에 알맞은 수를 써넣고, 그 수를 두 가지로 읽어 보세요.

25

☐   (,   )

28

☐   (,   )

26

☐   (,   )

29

☐   (,   )

27

☐   (,   )

30

☐   (,   )

03 계산 Plus+

99까지의 수

● 동전은 모두 얼마인지 써 보세요.

1

□ 원

4

□ 원

2

□ 원

5

□ 원

3

□ 원

6

□ 원

○ 수가 다른 하나를 찾아 ○표 하세요.

7 　육십일　　61　　예순둘

14 　육십구　　예순아홉　　96

8 　구십오　　85　　여든다섯

15 　육십칠　　쉰일곱　　57

9 　일흔여섯　　육십칠　　76

16 　예순여덟　　69　　육십구

10 　여든하나　　팔십일　　51

17 　아흔일곱　　87　　구십칠

11 　93　　아흔셋　　구십사

18 　74　　칠십삼　　일흔넷

12 　72　　어든둘　　칠십이

19 　56　　오십육　　예순다섯

13 　59　　쉰아홉　　칠십구

20 　91　　구십이　　아흔둘

● 관계있는 것끼리 선으로 이어 보세요.

10개씩 묶음	낱개
8	7

일흔아홉

10개씩 묶음	낱개
6	4

팔십칠

10개씩 묶음	낱개
7	9

예순넷

10개씩 묶음	낱개
5	3

오십삼

○ 가로 열쇠와 세로 열쇠를 보고 퍼즐을 완성해 보세요.

가로 열쇠	**세로 열쇠**
① 예순여덟	② 여든다섯
③ 오십구	④ 10개씩 묶음 9개와 낱개 7개인 수
⑤ 10개씩 묶음 7개와 낱개 2개인 수	⑥ 칠십사
⑦ 10개씩 묶음 8개와 낱개 4개인 수	⑦ 10개씩 묶음 8개와 낱개 1개인 수

100까지의 수의 순서

51부터 100까지의 수의 순서

1씩 커집니다.

51	52	53	54	55	56	57	58	59	60
61	62	63	64	65	66	67	68	69	70
71	72	73	74	75	76	77	78	79	80
81	82	83	84	85	86	87	88	89	90
91	92	93	94	95	96	97	98	99	100

10씩 커집니다.

- 54보다 1만큼 더 작은 수: 53
  └ 바로 앞의 수
- 54보다 1만큼 더 큰 수: 55
  └ 바로 뒤의 수
- 99보다 1만큼 더 큰 수: 100(백)

◯ 수의 순서에 맞게 빈칸에 알맞은 수를 써넣으세요.

❶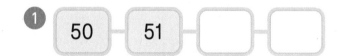
50 51 ☐ ☐

❷
56 57 ☐ ☐

❸
62 ☐ 64 ☐

❹
70 ☐ 72 ☐

❺
78 ☐ ☐ 81

❻
☐ 84 85 ☐

7

52 — 53 — ☐ — 55 — ☐ — ☐

8

65 — 66 — ☐ — 68 — ☐ — ☐

9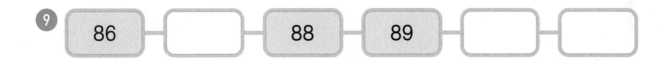

86 — ☐ — 88 — 89 — ☐ — ☐

10

73 — ☐ — ☐ — 76 — 77 — ☐

11

☐ — 96 — 97 — ☐ — 99 — ☐

12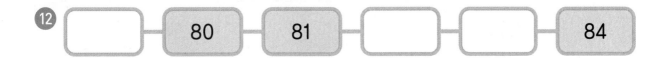

☐ — 80 — 81 — ☐ — ☐ — 84

○ 빈칸에 알맞은 수를 써넣으세요.

13
1만큼 더 작은 수		1만큼 더 큰 수
	52	

18
1만큼 더 작은 수		1만큼 더 큰 수
	77	

14
1만큼 더 작은 수		1만큼 더 큰 수
	65	

19
1만큼 더 작은 수		1만큼 더 큰 수
	89	

15
1만큼 더 작은 수		1만큼 더 큰 수
	72	

20
1만큼 더 작은 수		1만큼 더 큰 수
	56	

16
1만큼 더 작은 수		1만큼 더 큰 수
	91	

21
1만큼 더 작은 수		1만큼 더 큰 수
	80	

17
1만큼 더 작은 수		1만큼 더 큰 수
	60	

22
1만큼 더 작은 수		1만큼 더 큰 수
	98	

23 1만큼 더 작은 수 [　] 67 1만큼 더 큰 수 [　]

24 1만큼 더 작은 수 [　] 74 1만큼 더 큰 수 [　]

25 1만큼 더 작은 수 [　] 93 1만큼 더 큰 수 [　]

26 1만큼 더 작은 수 [　] 55 1만큼 더 큰 수 [　]

27 1만큼 더 작은 수 [　] 62 1만큼 더 큰 수 [　]

28 1만큼 더 작은 수 [　] 78 1만큼 더 큰 수 [　]

29 1만큼 더 작은 수 [　] 59 1만큼 더 큰 수 [　]

30 1만큼 더 작은 수 [　] 70 1만큼 더 큰 수 [　]

31 1만큼 더 작은 수 [　] 86 1만큼 더 큰 수 [　]

32 1만큼 더 작은 수 [　] 99 1만큼 더 큰 수 [　]

100까지의 두 수의 크기 비교

● **10개씩 묶음의 수가 다른 두 수의 크기 비교**

> 10개씩 묶음의 수가 다르면
> **10개씩 묶음의 수가 큰 쪽**이 더 큰 수 입니다.

$$54 < 62$$
5 < 6

● **10개씩 묶음의 수가 같은 두 수의 크기 비교**

> 10개씩 묶음의 수가 같으면
> **낱개의 수가 큰 쪽**이 더 큰 수입니다.

$$74 > 72$$
4 > 2

● 두 수의 크기를 비교하여 ◯ 안에 >, <를 알맞게 써넣으세요.

1

56 ◯ 62

3

80 ◯ 68

2

59 ◯ 71

4

83 ◯ 90

5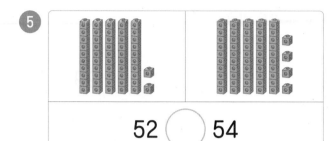

52 ◯ 54

9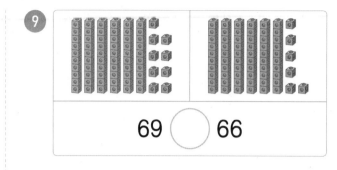

69 ◯ 66

6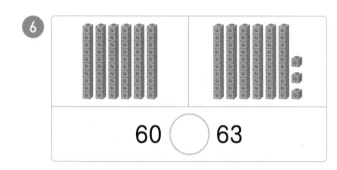

60 ◯ 63

10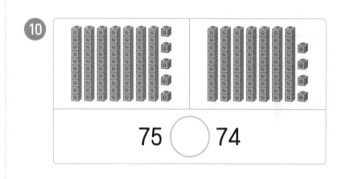

75 ◯ 74

7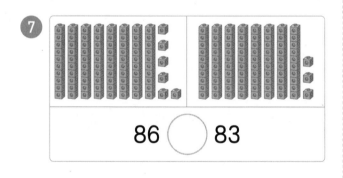

86 ◯ 83

11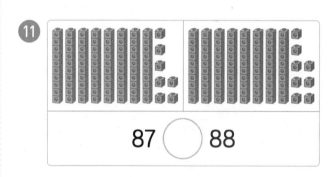

87 ◯ 88

8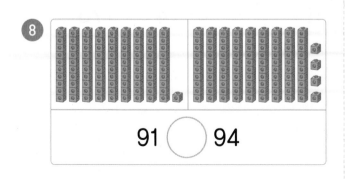

91 ◯ 94

12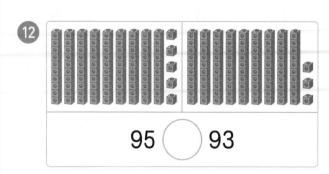

95 ◯ 93

○ 두 수의 크기를 비교하여 ○ 안에 >, <를 알맞게 써넣으세요.

13 50 ◯ 63

20 65 ◯ 80

27 93 ◯ 99

14 65 ◯ 71

21 59 ◯ 72

28 74 ◯ 73

15 74 ◯ 80

22 86 ◯ 77

29 67 ◯ 63

16 83 ◯ 68

23 68 ◯ 53

30 54 ◯ 58

17 90 ◯ 78

24 75 ◯ 72

31 85 ◯ 89

18 89 ◯ 92

25 55 ◯ 51

32 74 ◯ 75

19 78 ◯ 69

26 82 ◯ 87

33 99 ◯ 97

34 61 ◯ 58

35 73 ◯ 91

36 85 ◯ 67

37 91 ◯ 97

38 87 ◯ 89

39 73 ◯ 71

40 59 ◯ 60

41 62 ◯ 72

42 78 ◯ 75

43 73 ◯ 55

44 81 ◯ 90

45 70 ◯ 69

46 90 ◯ 93

47 93 ◯ 89

48 79 ◯ 83

49 65 ◯ 69

50 74 ◯ 71

51 64 ◯ 67

52 57 ◯ 56

53 77 ◯ 68

54 96 ◯ 99

100까지의 세 수의 크기 비교

63, 72, 68의 크기 비교

❶ 10개씩 묶음의 수를 한꺼번에 비교합니다.

63 **72** 68 → 가장 큰 수는 **72**입니다.

7>6

❷ 남은 두 수의 낱개의 수를 비교합니다.

63   68 → 가장 작은 수는 **63**입니다.

3<8

○ 빈칸에 알맞은 수를 써넣고, 가장 큰 수를 찾아 써 보세요.

1

	10개씩 묶음	낱개
58	5	8
81		
64		

(   )

3

	10개씩 묶음	낱개
67	6	7
68		
64		

(   )

2

	10개씩 묶음	낱개
85	8	5
79		
74		

(   )

4

	10개씩 묶음	낱개
87	8	7
91		
93		

(   )

○ 빈칸에 알맞은 수를 써넣고, 가장 작은 수를 찾아 써 보세요.

5

	10개씩 묶음	낱개
74	7	4
65		
80		

( )

8

	10개씩 묶음	낱개
96	9	6
98		
93		

( )

6

	10개씩 묶음	낱개
69	6	9
92		
85		

( )

9

	10개씩 묶음	낱개
76	7	6
74		
83		

( )

7

	10개씩 묶음	낱개
89	8	9
54		
85		

( )

10

	10개씩 묶음	낱개
86	8	6
97		
82		

( )

○ 가장 큰 수를 찾아 ○표 하세요.

11 73 64 81

12 90 58 73

13 69 76 84

14 88 91 75

15 87 79 74

16 63 68 73

17 57 61 55

18 95 91 94

19 71 78 75

20 56 54 59

21 63 66 67

22 63 69 58

23 81 76 84

24 62 60 57

● 가장 작은 수를 찾아 △표 하세요.

25) 64 58 70

26) 84 91 79

27) 83 65 74

28) 77 83 85

29) 76 75 68

30) 94 85 90

31) 57 63 67

32) 69 64 67

33) 94 91 99

34) 78 77 75

35) 83 85 82

36) 53 60 54

37) 85 95 87

38) 71 90 75

계산 Plus+

100까지의 수의 순서, 수의 크기 비교

○ 수의 순서에 맞게 빈칸에 알맞은 수를 써넣으세요.

1

51	52		
55		57	58
59		61	

4

83		85	
87	88		90
91			94

2

66	67		
70		72	73
74		76	

5

		56	57
	59	60	61
62	63		

3

77		79	
81	82		84
85			88

6

		91	92
	94	95	96
97	98		

○ 빈칸에 알맞은 수를 써넣으세요.

7

수	1만큼 더 작은 수	1만큼 더 큰 수
81		

12

수	1만큼 더 작은 수	1만큼 더 큰 수
92		

8

수	1만큼 더 작은 수	1만큼 더 큰 수
63		

13

수	1만큼 더 작은 수	1만큼 더 큰 수
57		

9

수	1만큼 더 작은 수	1만큼 더 큰 수
78		

14

수	1만큼 더 작은 수	1만큼 더 큰 수
75		

10

수	1만큼 더 작은 수	1만큼 더 큰 수
84		

15

수	1만큼 더 작은 수	1만큼 더 큰 수
66		

11

수	1만큼 더 작은 수	1만큼 더 큰 수
69		

16

수	1만큼 더 작은 수	1만큼 더 큰 수
99		

원숭이가 바나나를 먹으러 가려고 합니다. 수를 순서대로 연결해 보세요.

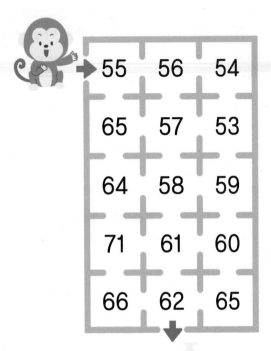

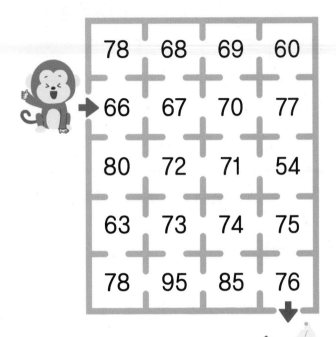

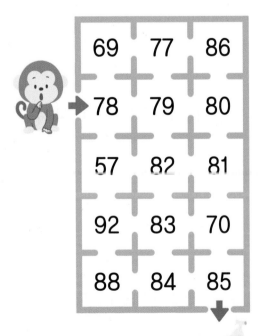

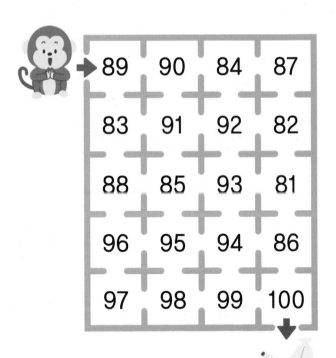

○ 나무꾼이 더 큰 수를 따라가서 만나는 곳에 있는 선녀 옷을 주우려고 합니다.
나무꾼이 주우려고 하는 선녀 옷에 ○표 하세요.

100까지의 수 평가

○수를 세어 ☐ 안에 알맞은 수를 써넣고, 그 수를 두 가지로 읽어 보세요.

1

☐   (,   )

2

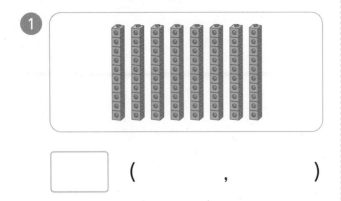

☐   (,   )

3

☐   (,   )

○수의 순서에 맞게 빈칸에 알맞은 수를 써 넣으세요.

4 67 — ☐ — ☐ — 70

5 ☐ — 80 — 81 — ☐

6 97 — 98 — ☐ — ☐

○빈칸에 알맞은 수를 써넣으세요.

7
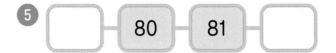
1만큼 더 작은 수   1만큼 더 큰 수
☐ — 79 — ☐

8
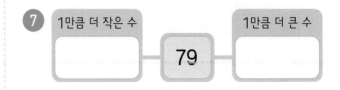
1만큼 더 작은 수   1만큼 더 큰 수
☐ — 90 — ☐

○ 두 수의 크기를 비교하여 ◯ 안에 >, <를 알맞게 써넣으세요.

9 65 ◯ 72

10 78 ◯ 91

11 84 ◯ 92

12 56 ◯ 54

13 77 ◯ 79

14 95 ◯ 94

○ 가장 큰 수를 찾아 ◯표 하세요.

15 | 83 78 90 |

16 | 87 84 86 |

17 | 68 67 59 |

○ 가장 작은 수를 찾아 △표 하세요.

18 | 75 69 81 |

19 | 97 94 99 |

20 | 78 82 74 |

2 덧셈

두 자리 수의 범위에서
받아올림이 없는 덧셈 훈련이 중요한

받아올림이 없는 (몇십)+(몇)

20+3의 계산

낱개의 수끼리 더한 다음 10개씩 묶음의 수를 그대로 내려 씁니다.

$$
\begin{array}{r}
2\ 0 \\
+\ \ \ 3 \\
\hline
\ \ \ 3
\end{array}
\quad\rightarrow\quad
\begin{array}{r}
2\ 0 \\
+\ \ \ 3 \\
\hline
2\ 3
\end{array}
$$

0+3=3   2를 그대로 내려 쓰기

덧셈을 해 보세요.

①
$$
\begin{array}{r}
1\ 0 \\
+\ \ \ 4 \\
\hline

\end{array}
$$

③
$$
\begin{array}{r}
6\ 0 \\
+\ \ \ 2 \\
\hline

\end{array}
$$

⑤
$$
\begin{array}{r}
5 \\
+\ 7\ 0 \\
\hline

\end{array}
$$

②
$$
\begin{array}{r}
3\ 0 \\
+\ \ \ 7 \\
\hline

\end{array}
$$

④
$$
\begin{array}{r}
1 \\
+\ 2\ 0 \\
\hline

\end{array}
$$

⑥
$$
\begin{array}{r}
9 \\
+\ 8\ 0 \\
\hline

\end{array}
$$

7.
```
    2 0
  +   7
  ─────
```

8.
```
    3 0
  +   2
  ─────
```

9.
```
    3 0
  +   9
  ─────
```

10.
```
    4 0
  +   3
  ─────
```

11.
```
    5 0
  +   4
  ─────
```

12.
```
    6 0
  +   7
  ─────
```

13.
```
    7 0
  +   6
  ─────
```

14.
```
    8 0
  +   3
  ─────
```

15.
```
    8 0
  +   6
  ─────
```

16.
```
      2
  + 4 0
  ─────
```

17.
```
      3
  + 6 0
  ─────
```

18.
```
      5
  + 1 0
  ─────
```

19.
```
      5
  + 3 0
  ─────
```

20.
```
      6
  + 5 0
  ─────
```

21.
```
      6
  + 2 0
  ─────
```

22.
```
      7
  + 8 0
  ─────
```

23.
```
      8
  + 7 0
  ─────
```

24.
```
      9
  + 9 0
  ─────
```

○ 덧셈을 해 보세요.

㉕ 10+7＝

각 자리를
맞추어 쓴 후 —
세로로 계산해요.

	1	0
＋		7

㉙ 70+2＝

㉝ 5+50＝

㉖ 30+3＝

㉚ 90+4＝

㉞ 6+40＝

㉗ 40+5＝

㉛ 3+50＝

㉟ 8+80＝

㉘ 60+8＝

㉜ 4+70＝

㊱ 9+20＝

37 $10+3=$

38 $10+9=$

39 $20+4=$

40 $30+8=$

41 $40+9=$

42 $50+2=$

43 $60+6=$

44 $80+5=$

45 $90+3=$

46 $90+7=$

47 $1+40=$

48 $2+80=$

49 $3+70=$

50 $4+30=$

51 $4+80=$

52 $5+20=$

53 $5+60=$

54 $6+30=$

55 $7+40=$

56 $8+90=$

57 $9+50=$

받아올림이 없는 (몇십몇)+(몇)

23+5의 계산

낱개의 수끼리 더한 다음 10개씩 묶음의 수를 그대로 내려 씁니다.

$$\begin{array}{cc} & 2\ 3 \\ + & \ \ 5 \\ \hline & \ \ 8 \end{array} \rightarrow \begin{array}{cc} & 2\ 3 \\ + & \ \ 5 \\ \hline & 2\ 8 \end{array}$$

3+5=8   2를 그대로 내려 쓰기

○ 덧셈을 해 보세요.

①
$$\begin{array}{ccc} & 1 & 2 \\ + & & 4 \\ \hline & & \end{array}$$

③
$$\begin{array}{ccc} & 5 & 1 \\ + & & 7 \\ \hline & & \end{array}$$

⑤
$$\begin{array}{ccc} & & 5 \\ + & 5 & 2 \\ \hline & & \end{array}$$

②
$$\begin{array}{ccc} & 2 & 4 \\ + & & 1 \\ \hline & & \end{array}$$

④
$$\begin{array}{ccc} & & 4 \\ + & 3 & 3 \\ \hline & & \end{array}$$

⑥
$$\begin{array}{ccc} & & 6 \\ + & 7 & 2 \\ \hline & & \end{array}$$

⑦
```
    1 5
+     2
───────
```

⑧
```
    2 3
+     4
───────
```

⑨
```
    3 5
+     3
───────
```

⑩
```
    4 1
+     8
───────
```

⑪
```
    4 4
+     4
───────
```

⑫
```
    5 2
+     6
───────
```

⑬
```
    6 4
+     1
───────
```

⑭
```
    7 6
+     3
───────
```

⑮
```
    8 4
+     5
───────
```

⑯
```
      1
+   3 2
───────
```

⑰
```
      2
+   5 4
───────
```

⑱
```
      2
+   7 3
───────
```

⑲
```
      3
+   1 6
───────
```

⑳
```
      3
+   9 2
───────
```

㉑
```
      4
+   8 1
───────
```

㉒
```
      5
+   6 2
───────
```

㉓
```
      6
+   4 3
───────
```

㉔
```
      7
+   2 1
───────
```

○ 덧셈을 해 보세요.

㉕ 13+6=

㉖ 34+3=

㉗ 42+5=

㉘ 61+8=

㉙ 75+3=

㉚ 93+4=

㉛ 2+51=

㉜ 3+72=

㉝ 4+52=

㉞ 5+44=

㉟ 6+83=

㊱ 8+21=

48

㊲ 14+3=

㊳ 21+6=

㊴ 24+2=

㊵ 35+4=

㊶ 43+5=

㊷ 52+2=

㊸ 61+6=

㊹ 74+3=

㊺ 83+4=

㊻ 91+6=

㊼ 94+2=

㊽ 1+65=

㊾ 2+83=

㊿ 3+25=

(51) 3+61=

(52) 4+45=

(53) 4+94=

(54) 5+73=

(55) 6+51=

(56) 7+32=

(57) 8+71=

11 계산 Plus+

덧셈(1)

○ 빈칸에 알맞은 수를 써넣으세요.

1

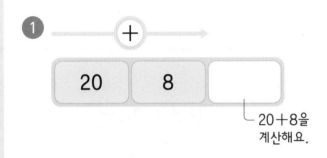

20 ＋ 8

└ 20＋8을
계산해요.

2

70 ＋ 7

3

2 ＋ 10

4

4 ＋ 60

5

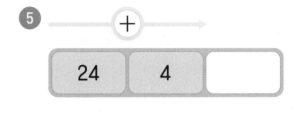

24 ＋ 4

6

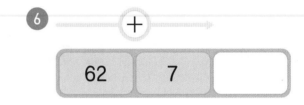

62 ＋ 7

7

5 ＋ 34

8

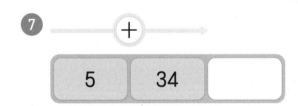

7 ＋ 71

9

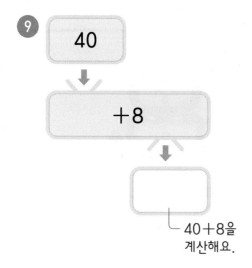

40

↓

+8

↓

[ ]

└ 40+8을
계산해요.

10

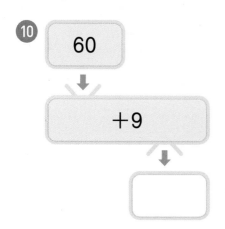

60

↓

+9

↓

[ ]

11

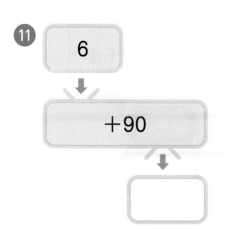

6

↓

+90

↓

[ ]

12

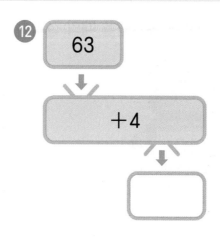

63

↓

+4

↓

[ ]

13

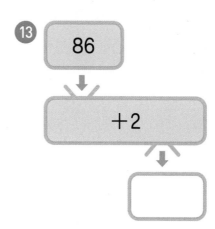

86

↓

+2

↓

[ ]

14

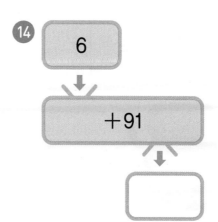

6

↓

+91

↓

[ ]

○ 덧셈 로봇이 미로를 통과했을 때의 결과를 빈칸에 써넣으세요.

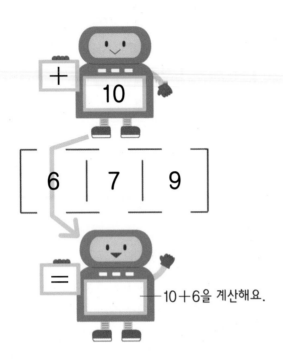

10 + 6을 계산해요.

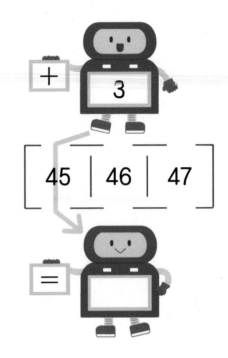

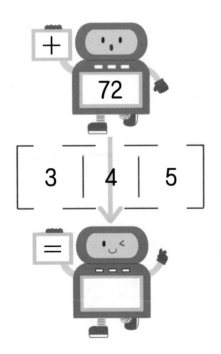

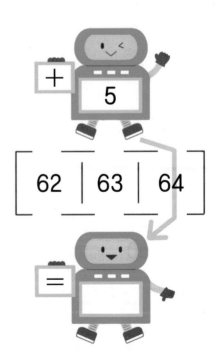

○ 덧셈 결과를 찾아 선으로 이어 보세요.

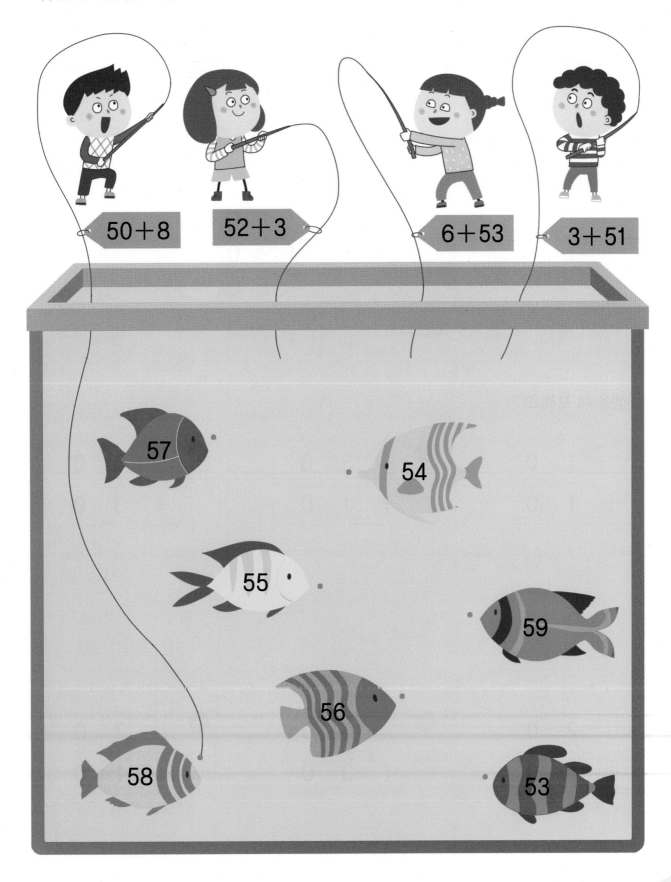

50＋8   52＋3   6＋53   3＋51

57
54
55
59
56
58   53

받아올림이 없는 (몇십)＋(몇십)

🔵 **20＋30의 계산**

낱개의 수인 0을 쓴 다음 10개씩 묶음의 수끼리 더합니다.

$$\begin{array}{r} 2\ 0 \\ +\ 3\ 0 \\ \hline 0 \end{array} \quad \rightarrow \quad \begin{array}{r} 2\ 0 \\ +\ 3\ 0 \\ \hline 5\ 0 \end{array}$$

0을 쓰기   2＋3=5

🔘 **덧셈을 해 보세요.**

①
$$\begin{array}{r} 1\ 0 \\ +\ 1\ 0 \\ \hline \end{array}$$

③
$$\begin{array}{r} 3\ 0 \\ +\ 1\ 0 \\ \hline \end{array}$$

⑤
$$\begin{array}{r} 6\ 0 \\ +\ 3\ 0 \\ \hline \end{array}$$

②
$$\begin{array}{r} 2\ 0 \\ +\ 6\ 0 \\ \hline \end{array}$$

④
$$\begin{array}{r} 5\ 0 \\ +\ 3\ 0 \\ \hline \end{array}$$

⑥
$$\begin{array}{r} 7\ 0 \\ +\ 1\ 0 \\ \hline \end{array}$$

⑦
$$\begin{array}{r} 1\ 0 \\ +\ 3\ 0 \\ \hline \end{array}$$

⑬
$$\begin{array}{r} 3\ 0 \\ +\ 2\ 0 \\ \hline \end{array}$$

⑲
$$\begin{array}{r} 5\ 0 \\ +\ 2\ 0 \\ \hline \end{array}$$

⑧
$$\begin{array}{r} 1\ 0 \\ +\ 6\ 0 \\ \hline \end{array}$$

⑭
$$\begin{array}{r} 3\ 0 \\ +\ 4\ 0 \\ \hline \end{array}$$

⑳
$$\begin{array}{r} 5\ 0 \\ +\ 4\ 0 \\ \hline \end{array}$$

⑨
$$\begin{array}{r} 1\ 0 \\ +\ 8\ 0 \\ \hline \end{array}$$

⑮
$$\begin{array}{r} 3\ 0 \\ +\ 6\ 0 \\ \hline \end{array}$$

㉑
$$\begin{array}{r} 6\ 0 \\ +\ 1\ 0 \\ \hline \end{array}$$

⑩
$$\begin{array}{r} 2\ 0 \\ +\ 2\ 0 \\ \hline \end{array}$$

⑯
$$\begin{array}{r} 4\ 0 \\ +\ 1\ 0 \\ \hline \end{array}$$

㉒
$$\begin{array}{r} 6\ 0 \\ +\ 2\ 0 \\ \hline \end{array}$$

⑪
$$\begin{array}{r} 2\ 0 \\ +\ 4\ 0 \\ \hline \end{array}$$

⑰
$$\begin{array}{r} 4\ 0 \\ +\ 3\ 0 \\ \hline \end{array}$$

㉓
$$\begin{array}{r} 7\ 0 \\ +\ 2\ 0 \\ \hline \end{array}$$

⑫
$$\begin{array}{r} 2\ 0 \\ +\ 7\ 0 \\ \hline \end{array}$$

⑱
$$\begin{array}{r} 4\ 0 \\ +\ 4\ 0 \\ \hline \end{array}$$

㉔
$$\begin{array}{r} 8\ 0 \\ +\ 1\ 0 \\ \hline \end{array}$$

○ 덧셈을 해 보세요.

㉕ 10＋40＝

㉙ 30＋30＝

㉝ 50＋10＝

㉖ 10＋70＝

㉚ 30＋50＝

㉞ 50＋30＝

㉗ 20＋30＝

㉛ 40＋20＝

㉟ 60＋20＝

㉘ 20＋50＝

㉜ 40＋40＝

㊱ 70＋20＝

37 $10+20=$

38 $10+50=$

39 $10+60=$

40 $10+80=$

41 $20+10=$

42 $20+30=$

43 $20+60=$

44 $20+70=$

45 $30+20=$

46 $30+30=$

47 $30+50=$

48 $40+10=$

49 $40+30=$

50 $40+50=$

51 $50+10=$

52 $50+20=$

53 $50+40=$

54 $60+20=$

55 $60+30=$

56 $70+10=$

57 $80+10=$

13 받아올림이 없는 (몇십몇)＋(몇십몇)

● **13＋25의 계산**

낱개의 수끼리 더한 다음 10개씩 묶음의 수끼리 더합니다.

$$
\begin{array}{r}
1\ 3 \\
+\ 2\ 5 \\
\hline
8 \\
\end{array}
\qquad \rightarrow \qquad
\begin{array}{r}
1\ 3 \\
+\ 2\ 5 \\
\hline
3\ 8 \\
\end{array}
$$

3＋5=8　　　1＋2=3

○ **덧셈을 해 보세요.**

①
$$
\begin{array}{r}
1\ 2 \\
+\ 1\ 4 \\
\hline
\end{array}
$$

③
$$
\begin{array}{r}
3\ 1 \\
+\ 2\ 2 \\
\hline
\end{array}
$$

⑤
$$
\begin{array}{r}
5\ 2 \\
+\ 1\ 2 \\
\hline
\end{array}
$$

②
$$
\begin{array}{r}
2\ 8 \\
+\ 5\ 1 \\
\hline
\end{array}
$$

④
$$
\begin{array}{r}
4\ 3 \\
+\ 4\ 5 \\
\hline
\end{array}
$$

⑥
$$
\begin{array}{r}
6\ 7 \\
+\ 3\ 1 \\
\hline
\end{array}
$$

⑦
```
    1 1
  + 2 8
  ─────
```

⑬
```
    3 3
  + 1 2
  ─────
```

⑲
```
    5 5
  + 2 3
  ─────
```

⑧
```
    1 4
  + 3 2
  ─────
```

⑭
```
    3 6
  + 2 3
  ─────
```

⑳
```
    6 1
  + 2 8
  ─────
```

⑨
```
    1 7
  + 4 1
  ─────
```

⑮
```
    3 8
  + 4 1
  ─────
```

㉑
```
    6 4
  + 3 3
  ─────
```

⑩
```
    2 2
  + 2 6
  ─────
```

⑯
```
    4 1
  + 1 2
  ─────
```

㉒
```
    7 2
  + 1 1
  ─────
```

⑪
```
    2 5
  + 3 4
  ─────
```

⑰
```
    4 8
  + 2 1
  ─────
```

㉓
```
    7 7
  + 2 2
  ─────
```

⑫
```
    2 7
  + 5 2
  ─────
```

⑱
```
    5 3
  + 3 5
  ─────
```

㉔
```
    8 3
  + 1 4
  ─────
```

○ 덧셈을 해 보세요.

㉕ 13＋63＝

㉙ 34＋34＝

㉝ 51＋25＝

㉖ 18＋41＝

㉚ 37＋22＝

㉞ 54＋33＝

㉗ 21＋16＝

㉛ 42＋17＝

㉟ 63＋24＝

㉘ 26＋62＝

㉜ 45＋51＝

㊱ 76＋23＝

㊲ 12+27=

㊳ 14+34=

㊴ 15+43=

㊵ 17+52=

㊶ 21+26=

㊷ 23+34=

㊸ 25+43=

㊹ 26+52=

㊺ 32+23=

㊻ 35+43=

㊼ 38+51=

㊽ 41+22=

㊾ 44+25=

㊿ 46+33=

(51) 54+35=

(52) 57+41=

(53) 62+17=

(54) 65+23=

(55) 71+16=

(56) 74+22=

(57) 85+14=

14 계산 Plus+

덧셈 (2)

○ 빈칸에 알맞은 수를 써넣으세요.

1
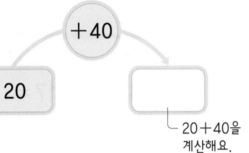
20 ＋40 ⎵ 20＋40을 계산해요.

2
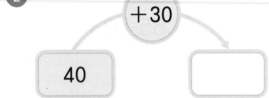
40 ＋30

3
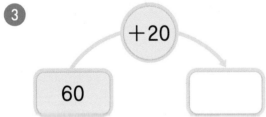
60 ＋20

4
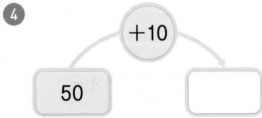
50 ＋10

5
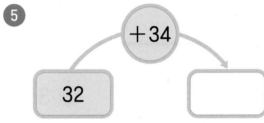
32 ＋34

6
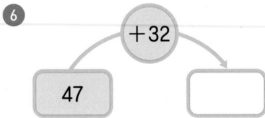
47 ＋32

7
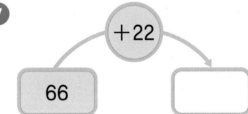
66 ＋22

8
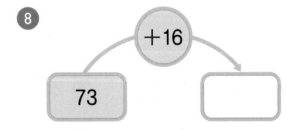
73 ＋16

⑨ 10 ➡ +70 ➡ [　]
└ 10+70을
계산해요.

⑭ 24 ➡ +53 ➡ [　]

⑩ 30 ➡ +40 ➡ [　]

⑮ 53 ➡ +12 ➡ [　]

⑪ 40 ➡ +50 ➡ [　]

⑯ 68 ➡ +31 ➡ [　]

⑫ 70 ➡ +10 ➡ [　]

⑰ 73 ➡ +24 ➡ [　]

⑬ 60 ➡ +30 ➡ [　]

⑱ 82 ➡ +16 ➡ [　]

○ 과녁에 맞힌 점수는 모두 몇 점일까요?

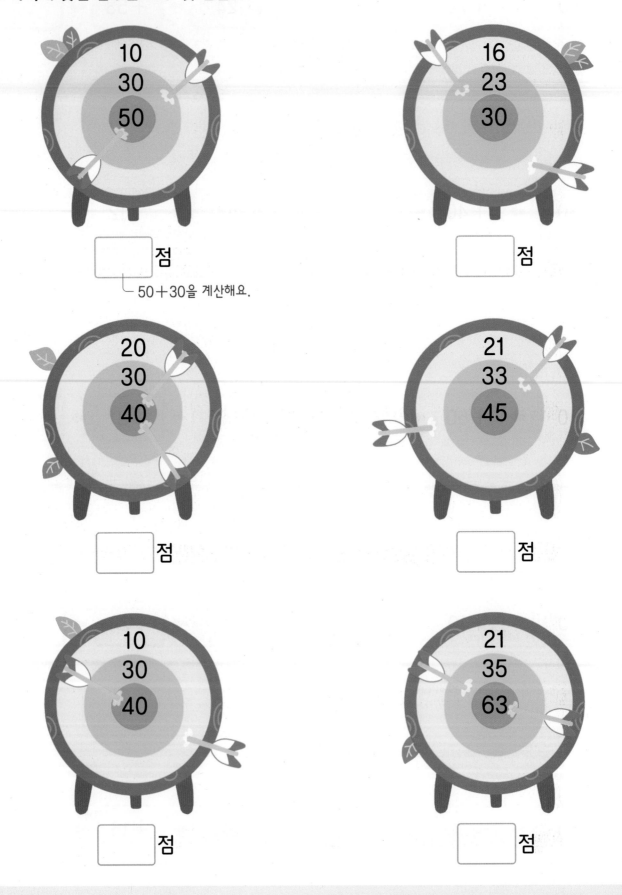

10
30
50

◻ 점

└ 50＋30을 계산해요.

16
23
30

◻ 점

20
30
40

◻ 점

21
33
45

◻ 점

10
30
40

◻ 점

21
35
63

◻ 점

64

소윤이가 갈림길에서 덧셈 결과를 따라갈 때, 도착하는 곳에서 물놀이를 하려고 합니다.
물놀이를 하게 되는 곳에 ◯표 하세요.

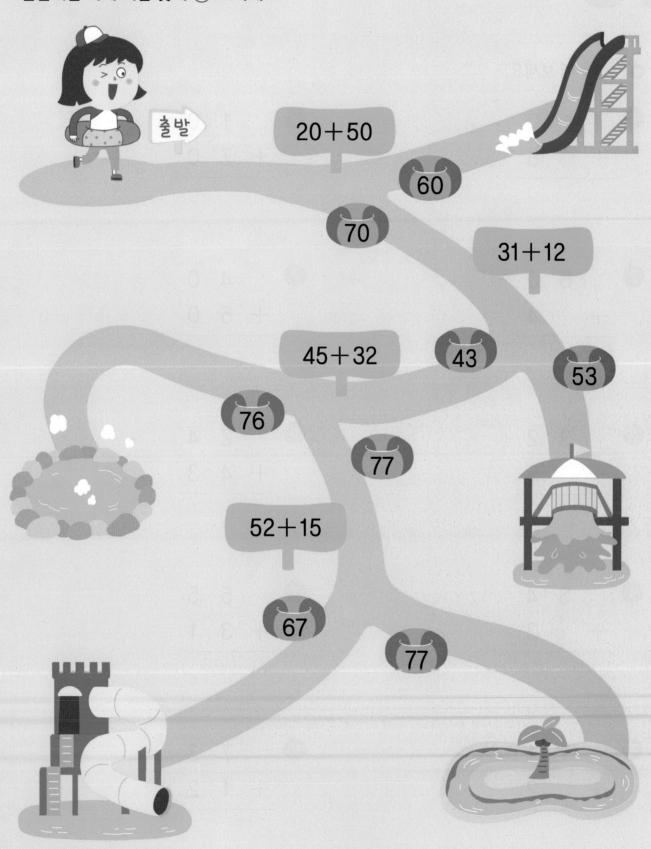

15 덧셈 평가

● 덧셈을 해 보세요.

①
```
   1 0
+    8
───────
```

⑥
```
   1 0
+  7 0
───────
```

②
```
   6 0
+    4
───────
```

⑦
```
   4 0
+  5 0
───────
```

③
```
   3 2
+    5
───────
```

⑧
```
   2 4
+  4 3
───────
```

④
```
   5 4
+    3
───────
```

⑨
```
   5 5
+  3 1
───────
```

⑤
```
   7 1
+    2
───────
```

⑩
```
   7 3
+  1 2
───────
```

⑪ 20＋2＝

⑫ 70＋1＝

⑬ 75＋4＝

⑭ 20＋60＝

⑮ 43＋26＝

⑯ 65＋13＝

○ 빈칸에 알맞은 수를 써넣으세요.

⑰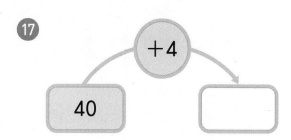

⑱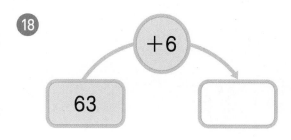

⑲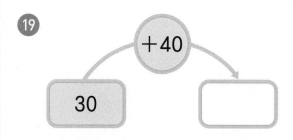

⑳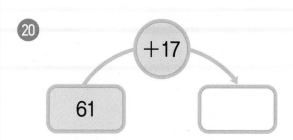

3 뺄셈

두 자리 수의 범위에서
받아내림이 없는 뺄셈 훈련이 중요한

16 받아내림이 없는 (몇십몇) − (몇)

27−3의 계산

낱개의 수끼리 뺀 다음 10개씩 묶음의 수를 그대로 내려 씁니다.

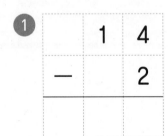

7−3=4   2를 그대로 내려 쓰기

○ 뺄셈을 해 보세요.

1

```
   1 4
 −   2
───────
```

2

```
   2 9
 −   4
───────
```

3

```
   3 4
 −   3
───────
```

4

```
   4 8
 −   5
───────
```

5

```
   5 7
 −   5
───────
```

6

```
   6 6
 −   3
───────
```

⑦
```
  1 5
-   2
─────
```

⑬
```
  4 4
-   2
─────
```

⑲
```
  7 6
-   3
─────
```

⑧
```
  1 9
-   8
─────
```

⑭
```
  4 9
-   5
─────
```

⑳
```
  7 7
-   6
─────
```

⑨
```
  2 3
-   1
─────
```

⑮
```
  5 2
-   1
─────
```

㉑
```
  8 8
-   4
─────
```

⑩
```
  2 7
-   6
─────
```

⑯
```
  5 4
-   2
─────
```

㉒
```
  8 9
-   5
─────
```

⑪
```
  3 5
-   3
─────
```

⑰
```
  6 5
-   5
─────
```

㉓
```
  9 3
-   1
─────
```

⑫
```
  3 9
-   5
─────
```

⑱
```
  6 8
-   4
─────
```

㉔
```
  9 6
-   6
─────
```

○ 뺄셈을 해 보세요.

㉕ 12−1=

각 자리를
맞추어 쓴 후
세로로 계산해요.

㉙ 38−2=

㉝ 68−8=

㉖ 16−3=

㉚ 45−5=

㉞ 75−3=

㉗ 28−1=

㉛ 54−3=

㉟ 86−4=

㉘ 36−3=

㉜ 57−4=

㊱ 94−3=

㊲ 13－1＝

㊳ 17－5＝

㊴ 25－3＝

㊵ 29－2＝

㊶ 33－3＝

㊷ 37－4＝

㊸ 39－6＝

㊹ 42－1＝

㊺ 49－7＝

㊻ 55－5＝

㊼ 58－3＝

㊽ 64－2＝

㊾ 67－1＝

㊿ 73－2＝

(51) 77－4＝

(52) 84－4＝

(53) 87－5＝

(54) 89－1＝

(55) 93－2＝

(56) 95－4＝

(57) 97－1＝

받아내림이 없는 (몇십) − (몇십)

● **40−10의 계산**

낱개의 수인 0을 쓴 다음 10개씩 묶음의 수끼리 뺍니다.

$$\begin{array}{r} 4\ 0 \\ -\ 1\ 0 \\ \hline 0 \end{array} \rightarrow \begin{array}{r} 4\ 0 \\ -\ 1\ 0 \\ \hline 3\ 0 \end{array}$$

0을 쓰기   4−1=3

○ **뺄셈을 해 보세요.**

①
$$\begin{array}{r} 2\ 0 \\ -\ 1\ 0 \\ \hline \end{array}$$

③
$$\begin{array}{r} 5\ 0 \\ -\ 1\ 0 \\ \hline \end{array}$$

⑤
$$\begin{array}{r} 8\ 0 \\ -\ 3\ 0 \\ \hline \end{array}$$

②
$$\begin{array}{r} 3\ 0 \\ -\ 2\ 0 \\ \hline \end{array}$$

④
$$\begin{array}{r} 6\ 0 \\ -\ 3\ 0 \\ \hline \end{array}$$

⑥
$$\begin{array}{r} 9\ 0 \\ -\ 6\ 0 \\ \hline \end{array}$$

⑦
```
    3 0
 −  1 0
```

⑬
```
    6 0
 −  1 0
```

⑲
```
    8 0
 −  5 0
```

⑧
```
    4 0
 −  1 0
```

⑭
```
    6 0
 −  4 0
```

⑳
```
    8 0
 −  6 0
```

⑨
```
    4 0
 −  3 0
```

⑮
```
    7 0
 −  1 0
```

㉑
```
    8 0
 −  7 0
```

⑩
```
    4 0
 −  4 0
```

⑯
```
    7 0
 −  4 0
```

㉒
```
    9 0
 −  2 0
```

⑪
```
    5 0
 −  2 0
```

⑰
```
    7 0
 −  6 0
```

㉓
```
    9 0
 −  3 0
```

⑫
```
    5 0
 −  4 0
```

⑱
```
    8 0
 −  2 0
```

㉔
```
    9 0
 −  8 0
```

25 30−20＝

29 60−50＝

33 80−40＝

26 40−10＝

30 70−30＝

34 80−60＝

27 50−30＝

31 70−50＝

35 90−10＝

28 60−20＝

32 80−10＝

36 90−70＝

㊲ 20－20＝

㊳ 30－10＝

㊴ 30－30＝

㊵ 40－20＝

㊶ 40－30＝

㊷ 50 　10＝

㊸ 50－50＝

㊹ 60－10＝

㊺ 60－30＝

㊻ 60－40＝

㊼ 70－10＝

㊽ 70－20＝

㊾ 70 　60＝

㊿ 80－20＝

(51) 80－30＝

(52) 80－60＝

(53) 80－80＝

(54) 90－30＝

(55) 90－40＝

(56) 90 　50＝

(57) 90－70＝

18 계산 Plus+

뺄셈(1)

○ 빈칸에 알맞은 수를 써넣으세요.

1

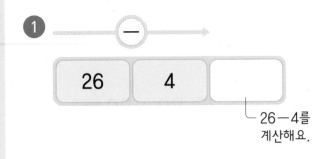

26 — 4

└─ 26 — 4를
계산해요.

2

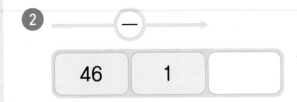

46   1

3

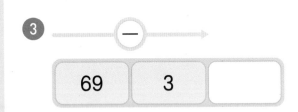

69   3

4

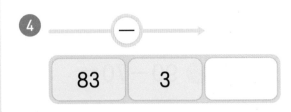

83   3

5

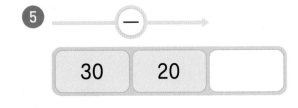

30   20

6

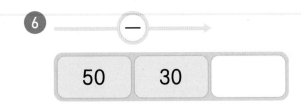

50   30

7

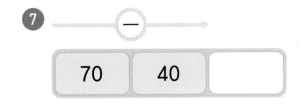

70   40

8

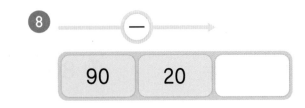

90   20

9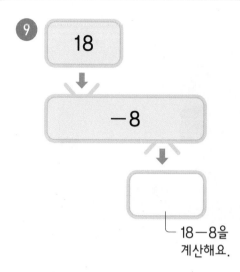

18

↓

−8

↓

18−8을
계산해요.

12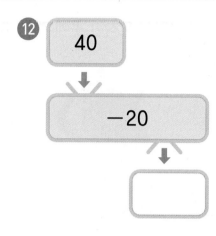

40

↓

−20

↓

10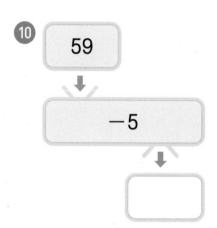

59

↓

−5

↓

13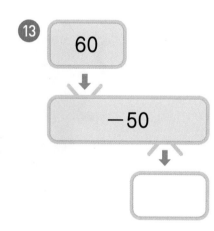

60

↓

−50

↓

11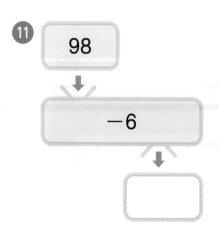

98

↓

−6

↓

14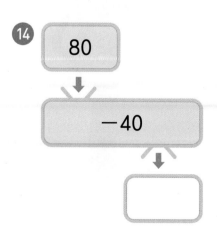

80

↓

−40

↓

● 사다리를 타고 내려가서 도착한 곳에 계산 결과를 써넣으세요.

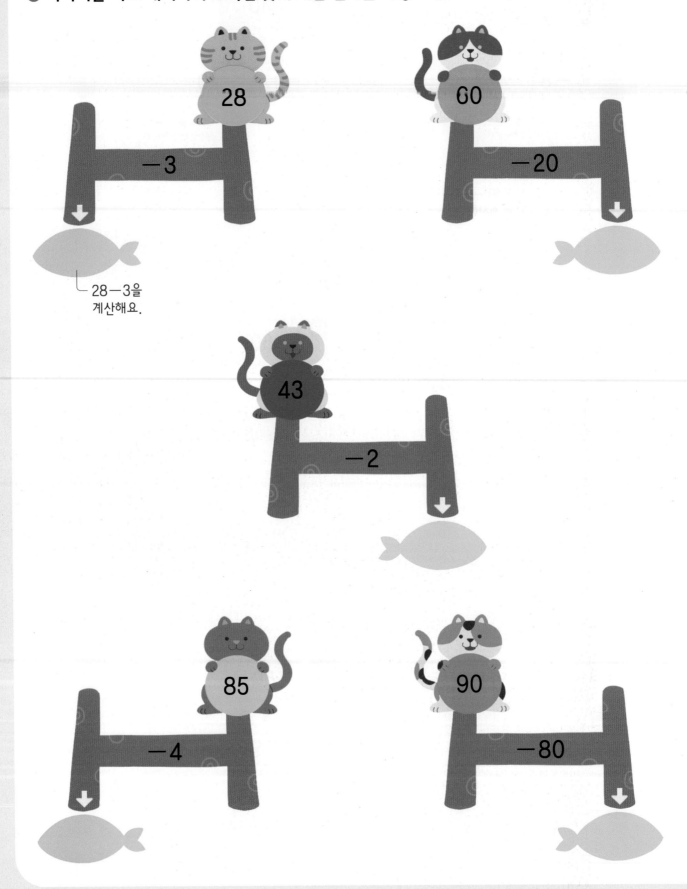

28

60

−3

−20

└ 28−3을
계산해요.

43

−2

85

90

−4

−80

○ 헨젤과 그레텔이 뺄셈 결과가 20인 과자를 밟고 과자 집에 가려고 합니다.
헨젤과 그레텔이 밟아야 하는 과자에 모두 ○표 하세요.

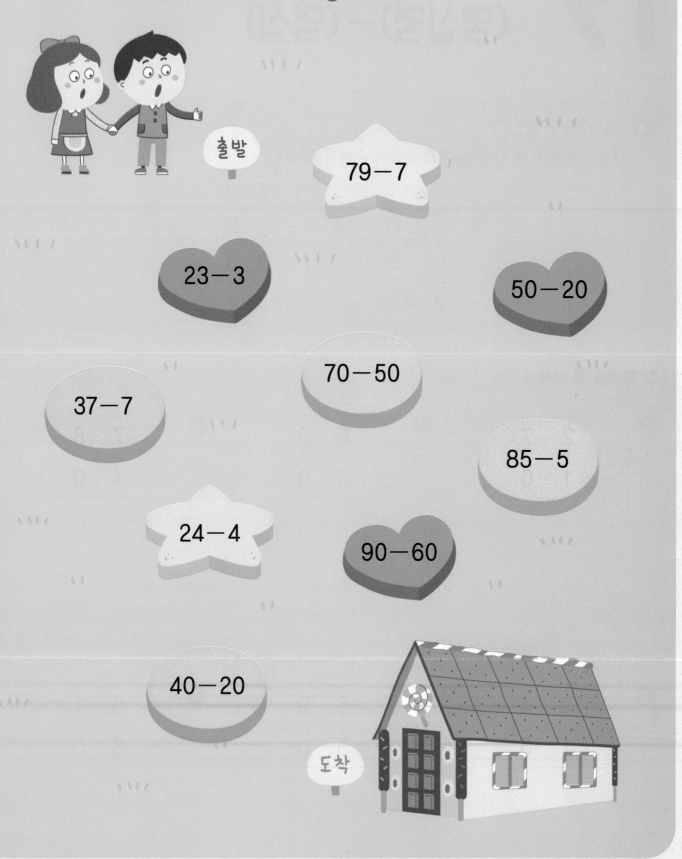

출발

79 − 7

23 − 3

50 − 20

70 − 50

37 − 7

85 − 5

24 − 4

90 − 60

40 − 20

도착

받아내림이 없는 (몇십몇) - (몇십)

43-30의 계산

낱개의 수끼리 뺀 다음 10개씩 묶음의 수끼리 뺍니다.

$$
\begin{array}{r}
4\ 3 \\
-\ 3\ 0 \\
\hline
3
\end{array}
\quad\rightarrow\quad
\begin{array}{r}
4\ 3 \\
-\ 3\ 0 \\
\hline
1\ 3
\end{array}
$$

3-0=3　　　4-3=1

뺄셈을 해 보세요.

①
$$
\begin{array}{r}
2\ 7 \\
-\ 1\ 0 \\
\hline
\end{array}
$$

③
$$
\begin{array}{r}
5\ 2 \\
-\ 3\ 0 \\
\hline
\end{array}
$$

⑤
$$
\begin{array}{r}
7\ 8 \\
-\ 4\ 0 \\
\hline
\end{array}
$$

②
$$
\begin{array}{r}
3\ 4 \\
-\ 1\ 0 \\
\hline
\end{array}
$$

④
$$
\begin{array}{r}
6\ 9 \\
-\ 5\ 0 \\
\hline
\end{array}
$$

⑥
$$
\begin{array}{r}
8\ 1 \\
-\ 3\ 0 \\
\hline
\end{array}
$$

7
$$\begin{array}{r} 1\ 5 \\ -\ 1\ 0 \\ \hline \end{array}$$

8
$$\begin{array}{r} 2\ 4 \\ -\ 1\ 0 \\ \hline \end{array}$$

9
$$\begin{array}{r} 2\ 9 \\ -\ 2\ 0 \\ \hline \end{array}$$

10
$$\begin{array}{r} 3\ 3 \\ -\ 1\ 0 \\ \hline \end{array}$$

11
$$\begin{array}{r} 3\ 7 \\ -\ 2\ 0 \\ \hline \end{array}$$

12
$$\begin{array}{r} 4\ 2 \\ -\ 3\ 0 \\ \hline \end{array}$$

13
$$\begin{array}{r} 4\ 5 \\ -\ 1\ 0 \\ \hline \end{array}$$

14
$$\begin{array}{r} 5\ 1 \\ -\ 3\ 0 \\ \hline \end{array}$$

15
$$\begin{array}{r} 5\ 4 \\ -\ 1\ 0 \\ \hline \end{array}$$

16
$$\begin{array}{r} 5\ 7 \\ -\ 4\ 0 \\ \hline \end{array}$$

17
$$\begin{array}{r} 6\ 2 \\ -\ 3\ 0 \\ \hline \end{array}$$

18
$$\begin{array}{r} 6\ 6 \\ -\ 4\ 0 \\ \hline \end{array}$$

19
$$\begin{array}{r} 7\ 3 \\ -\ 2\ 0 \\ \hline \end{array}$$

20
$$\begin{array}{r} 7\ 9 \\ -\ 5\ 0 \\ \hline \end{array}$$

21
$$\begin{array}{r} 8\ 4 \\ -\ 4\ 0 \\ \hline \end{array}$$

22
$$\begin{array}{r} 8\ 7 \\ -\ 8\ 0 \\ \hline \end{array}$$

23
$$\begin{array}{r} 9\ 2 \\ -\ 2\ 0 \\ \hline \end{array}$$

24
$$\begin{array}{r} 9\ 6 \\ -\ 7\ 0 \\ \hline \end{array}$$

○ 뺄셈을 해 보세요.

㉕ 19－10＝

㉙ 43－10＝

㉝ 64－30＝

㉖ 25－10＝

㉚ 46－30＝

㉞ 68－50＝

㉗ 36－20＝

㉛ 53－20＝

㉟ 75－60＝

㉘ 39－30＝

㉜ 59－50＝

㊱ 91－20＝

㊲ 13－10＝

㊳ 21－10＝

㊴ 28－20＝

㊵ 31－20＝

㊶ 35－30＝

㊷ 38－10＝

㊸ 44－20＝

㊹ 45－30＝

㊺ 49－40＝

㊻ 54－30＝

㊼ 56－10＝

㊽ 58－20＝

㊾ 61－40＝

㊿ 67－50＝

51 72－10＝

52 76－60＝

53 82－40＝

54 85－70＝

55 88－20＝

56 94－50＝

57 97－80＝

20 받아내림이 없는 (몇십몇) − (몇십몇)

25 − 13의 계산

낱개의 수끼리 뺀 다음 10개씩 묶음의 수끼리 뺍니다.

$$
\begin{array}{r}
2\ 5 \\
-\ 1\ 3 \\
\hline
2
\end{array}
\quad \rightarrow \quad
\begin{array}{r}
2\ 5 \\
-\ 1\ 3 \\
\hline
1\ 2
\end{array}
$$

5 − 3 = 2   2 − 1 = 1

뺄셈을 해 보세요.

1
$$
\begin{array}{r}
2\ 6 \\
-\ 1\ 2 \\
\hline
\end{array}
$$

3
$$
\begin{array}{r}
4\ 4 \\
-\ 3\ 1 \\
\hline
\end{array}
$$

5
$$
\begin{array}{r}
7\ 8 \\
-\ 4\ 2 \\
\hline
\end{array}
$$

2
$$
\begin{array}{r}
3\ 4 \\
-\ 1\ 3 \\
\hline
\end{array}
$$

4
$$
\begin{array}{r}
5\ 9 \\
-\ 4\ 4 \\
\hline
\end{array}
$$

6
$$
\begin{array}{r}
8\ 1 \\
-\ 3\ 1 \\
\hline
\end{array}
$$

⑦
```
   1 5
 − 1 2
───────
```

⑧
```
   2 4
 − 1 1
───────
```

⑨
```
   2 9
 − 2 5
───────
```

⑩
```
   3 3
 − 1 2
───────
```

⑪
```
   3 7
 − 2 4
───────
```

⑫
```
   4 2
 − 3 2
───────
```

⑬
```
   4 5
 − 1 3
───────
```

⑭
```
   5 1
 − 3 1
───────
```

⑮
```
   5 4
 − 1 2
───────
```

⑯
```
   5 7
 − 4 4
───────
```

⑰
```
   6 2
 − 3 2
───────
```

⑱
```
   6 6
 − 4 5
───────
```

⑲
```
   7 3
 − 2 3
───────
```

⑳
```
   7 9
 − 5 6
───────
```

㉑
```
   8 4
 − 1 4
───────
```

㉒
```
   8 7
 − 7 5
───────
```

㉓
```
   9 2
 − 1 2
───────
```

㉔
```
   9 4
 − 7 1
───────
```

○ 뺄셈을 해 보세요.

㉕ 19－14＝

㉙ 43－13＝

㉝ 64－24＝

㉖ 25－12＝

㉚ 48－34＝

㉞ 68－53＝

㉗ 36－25＝

㉛ 53－22＝

㉟ 75－62＝

㉘ 39－32＝

㉜ 59－51＝

㊱ 91－21＝

㊲ 13－11＝

㊳ 28－14＝

㊴ 35－22＝

㊵ 38－17＝

㊶ 44－23＝

㊷ 47－35＝

㊸ 49－46＝

㊹ 54－13＝

㊺ 56－32＝

㊻ 58－24＝

㊼ 64－41＝

㊽ 67－13＝

㊾ 69－59＝

㊿ 72－22＝

(51) 76－64＝

(52) 79－33＝

(53) 86－62＝

(54) 89－17＝

(55) 93－43＝

(56) 96－15＝

(57) 99－58＝

어떤 수 구하기

원리 덧셈식을 뺄셈식으로 나타내기

$$2 + 3 = 5 \rightarrow \begin{cases} 5 - 2 = 3 \\ 5 - 3 = 2 \end{cases}$$

적용 덧셈식의 어떤 수(□) 구하기

· $40 + \square = 50 \rightarrow \square = 50 - 40 = 10$

· $\square + 10 = 50 \rightarrow \square = 50 - 10 = 40$

원리 뺄셈식을 덧셈식으로 나타내기

$$5 - 2 = 3 \rightarrow \begin{cases} 3 + 2 = 5 \\ 2 + 3 = 5 \end{cases}$$

적용 뺄셈식의 어떤 수(□) 구하기

· $70 - \square = 50 \rightarrow \square + 50 = 70$
$\rightarrow \square = 70 - 50 = 20$

· $\square - 20 = 50 \rightarrow \square = 50 + 20 = 70$

○ 어떤 수(□)를 구하려고 합니다. 빈칸에 알맞은 수를 써넣으세요.

❶ $5 + \boxed{} = 27$

$27 - 5 = \boxed{}$

❸ $\boxed{} + 10 = 52$

$52 - 10 = \boxed{}$

❷ $20 + \boxed{} = 40$

$40 - 20 = \boxed{}$

❹ $\boxed{} + 22 = 65$

$65 - 22 = \boxed{}$

5 $24 - \boxed{} = 2$

$24 - 2 = \boxed{}$

6 $36 - \boxed{} = 20$

$36 - 20 = \boxed{}$

7 $60 - \boxed{} = 20$

$60 - 20 = \boxed{}$

8 $87 - \boxed{} = 15$

$87 - 15 = \boxed{}$

9 $\boxed{} - 10 = 31$

$31 + 10 = \boxed{}$

10 $\boxed{} - 7 = 40$

$40 + 7 = \boxed{}$

11 $\boxed{} - 20 = 60$

$60 + 20 = \boxed{}$

12 $\boxed{} - 25 = 72$

$72 + 25 = \boxed{}$

○ 어떤 수(□)를 구하려고 합니다. 빈칸에 알맞은 수를 써넣으세요.

13 $3 + \boxed{} = 19$

14 $10 + \boxed{} = 26$

15 $26 + \boxed{} = 48$

16 $37 + \boxed{} = 67$

17 $40 + \boxed{} = 80$

18 $24 + \boxed{} = 95$

19 $\boxed{} + 20 = 32$

20 $\boxed{} + 5 = 47$

21 $\boxed{} + 30 = 50$

22 $\boxed{} + 7 = 68$

23 $\boxed{} + 55 = 76$

24 $\boxed{} + 23 = 83$

㉕ $30 - \boxed{} = 10$

㉛ $\boxed{} - 41 = 15$

㉖ $37 - \boxed{} = 10$

㉜ $\boxed{} - 20 = 28$

㉗ $43 - \boxed{} = 3$

㉝ $\boxed{} - 30 = 40$

㉘ $55 - \boxed{} = 13$

㉞ $\boxed{} - 17 = 52$

㉙ $78 - \boxed{} = 5$

㉟ $\boxed{} - 14 = 64$

㉚ $91 - \boxed{} = 51$

㊱ $\boxed{} - 21 = 78$

22 계산 Plus+

뺄셈 (2)

● 빈칸에 알맞은 수를 써넣으세요.

1

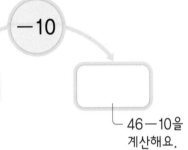

46 —10 □

└ 46—10을
계산해요.

2

56 —40 □

3

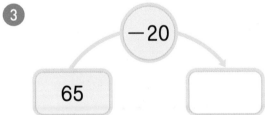

65 —20 □

4

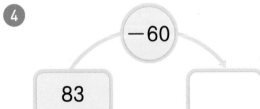

83 —60 □

5

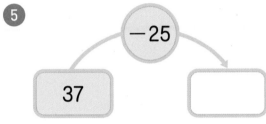

37 —25 □

6

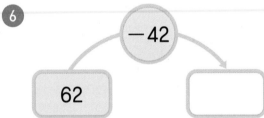

62 —42 □

7

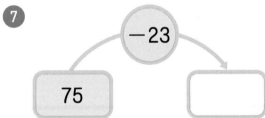

75 —23 □

8

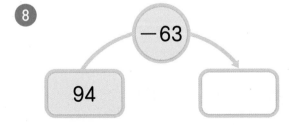

94 —63 □

9　33 → −20 → ☐
└ 33−20을
　계산해요.

14　29 → −12 → ☐

10　47 → −30 → ☐

15　38 → −16 → ☐

11　68 → −10 → ☐

16　54 → −22 → ☐

12　79 → −40 → ☐

17　89 → −45 → ☐

13　94 → −80 → ☐

18　95 → −63 → ☐

빼기셈을 하여 차가 나타내는 색으로 풍선을 색칠해 보세요.

15 31 56 64

$$\begin{array}{r} 9\ 4 \\ -\ 3\ 0 \\ \hline \end{array}$$

$$\begin{array}{r} 4\ 7 \\ -\ 1\ 6 \\ \hline \end{array}$$

$$\begin{array}{r} 8\ 6 \\ -\ 3\ 0 \\ \hline \end{array}$$

$$\begin{array}{r} 3\ 5 \\ -\ 2\ 0 \\ \hline \end{array}$$

$$\begin{array}{r} 5\ 9 \\ -\ 4\ 4 \\ \hline \end{array}$$

$$\begin{array}{r} 6\ 8 \\ -\ 1\ 2 \\ \hline \end{array}$$

$$\begin{array}{r} 7\ 6 \\ -\ 4\ 5 \\ \hline \end{array}$$

◎ 주어진 계산 결과가 나오는 덧셈식을 찾아 ◯표 하세요.

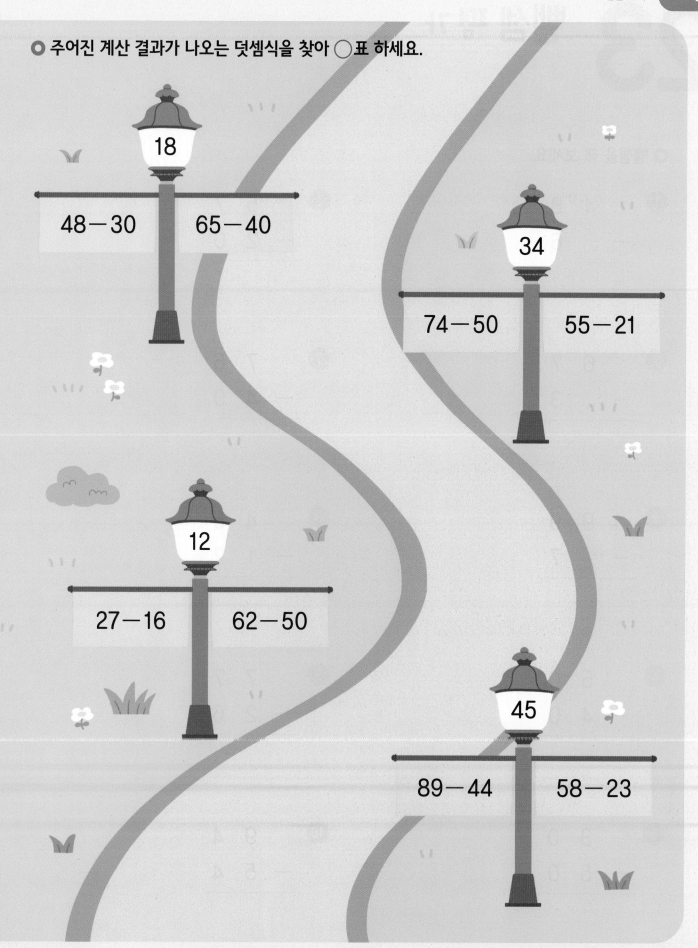

18

48－30　　65－40

34

74－50　　55－21

12

27－16　　62－50

45

89－44　　58－23

23 뺄셈 평가

○ 뺄셈을 해 보세요.

①
```
   4 8
-    6
```

②
```
   6 7
-    3
```

③
```
   9 9
-    7
```

④
```
   5 0
- 4 0
```

⑤
```
   8 0
- 5 0
```

⑥
```
   5 7
- 2 0
```

⑦
```
   7 6
- 4 0
```

⑧
```
   4 5
- 1 2
```

⑨
```
   7 7
- 2 6
```

⑩
```
   9 4
- 5 4
```

⑪ 37−5=

⑫ 78−7=

⑬ 90−40=

⑭ 42−20=

⑮ 69−21=

⑯ 87−44=

○ 빈칸에 알맞은 수를 써넣으세요.

⑰
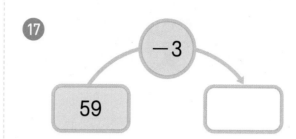

⑱
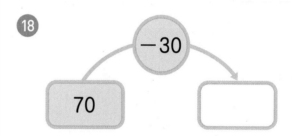

⑲
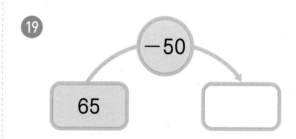

⑳
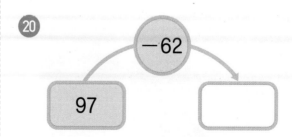

4 덧셈과 뺄셈(1)

받아올림이 있는 덧셈과
받아내림이 있는 뺄셈의 기초가 되는

세 수의 덧셈

1+3+2의 계산

세 수의 덧셈은 앞의 두 수를 더해 나온 수에 나머지 한 수를 더합니다.

$$1+3+2=6$$

❶ 4
❷ 6

○ **계산해 보세요.**

① 1+2+4=

③ 3+1+3=

⑤ 5+1+1=

② 2+2+4=

④ 4+2+3=

⑥ 6+2+1=

⑦ 1+1+3=

⑧ 1+3+4=

⑨ 1+4+2=

⑩ 1+5+3=

⑪ 1+6+2=

⑫ 1+7+1=

⑬ 2+1+5=

⑭ 2+2+3=

⑮ 2+3+4=

⑯ 2+4+1=

⑰ 2+5+2=

⑱ 3+2+2=

⑲ 3+3+3=

⑳ 3+4+1=

㉑ 3+5+1=

㉒ 4+1+4=

㉓ 4+2+2=

㉔ 4+3+1=

㉕ 5+1+3=

㉖ 5+2+2=

㉗ 6+1+1=

○ 계산해 보세요.

㉘ 1+1+5=

㉟ 2+3+3=

㊷ 3+4+2=

㉙ 1+2+5=

㊱ 2+4+2=

㊸ 4+1+2=

㉚ 1+3+3=

㊲ 2+5+1=

㊹ 4+2+1=

㉛ 1+4+4=

㊳ 2+6+1=

㊺ 4+4+1=

㉜ 1+5+2=

㊴ 3+1+4=

㊻ 5+1+2=

㉝ 1+6+1=

㊵ 3+2+3=

㊼ 5+2+1=

㉞ 2+1+1=

㊶ 3+3+1=

㊽ 7+1+1=

49 $1+1+7=$

50 $1+2+3=$

51 $1+2+6=$

52 $1+3+5=$

53 $1+4+3=$

54 $1+5+1=$

55 $2+1+4=$

56 $2+1+6=$

57 $2+2+2=$

58 $2+2+5=$

59 $2+3+1=$

60 $2+4+3=$

61 $3+1+2=$

62 $3+1+5=$

63 $3+2+4=$

64 $3+3+2=$

65 $4+1+1=$

66 $4+1+3=$

67 $4+3+2=$

68 $5+3+1=$

69 $6+1+2=$

25 세 수의 뺄셈

5-1-2의 계산

세 수의 뺄셈은 앞의 두 수의 뺄셈을 하여 나온 수에서 나머지 한 수를 뺍니다.

$$5-1-2=2$$

❶ 4
❷ 2

○ 계산해 보세요.

① 3-1-1= ☐

② 4-1-2= ☐

③ 5-2-1= ☐

④ 6-1-2= ☐

⑤ 7-2-2= ☐

⑥ 8-3-1= ☐

⑦ 4−1−1=

⑧ 5−1−4=

⑨ 5−3−1=

⑩ 6−1−4=

⑪ 6−2−2=

⑫ 6−3−1=

⑬ 7−1−2=

⑭ 7−3−3=

⑮ 7−4−1=

⑯ 7−5−2=

⑰ 8−1−5=

⑱ 8−2−4=

⑲ 8−4−1=

⑳ 8−5−1=

㉑ 8−5−3=

㉒ 9−1−3=

㉓ 9−2−4=

㉔ 9−3−2=

㉕ 9−4−3=

㉖ 9−5−2=

㉗ 9−6−1=

○ 계산해 보세요.

㉘ 4−2−1=

㉟ 7−2−1=

㊷ 8−6−1=

㉙ 5−1−1=

㊱ 7−3−2=

㊸ 9−1−1=

㉚ 5−2−2=

㊲ 7−4−2=

㊹ 9−2−2=

㉛ 6−1−3=

㊳ 8−1−3=

㊺ 9−3−5=

㉜ 6−2−1=

㊴ 8−2−3=

㊻ 9−4−2=

㉝ 6−4−2=

㊵ 8−3−3=

㊼ 9−5−3=

㉞ 7−1−3=

㊶ 8−4−2=

㊽ 9−7−2=

㊾ $5-1-3=$

㊿ $6-1-1=$

(51) $6-3-2=$

(52) $7-1-1=$

(53) $7-1-5=$

(54) $7-2-3=$

(55) $7-3-4=$

(56) $8-1-2=$

(57) $8-2-2=$

(58) $8-2-5=$

(59) $8-3-4=$

(60) $8-4-4=$

(61) $9-1-2=$

(62) $9-1-6=$

(63) $9-2-3=$

(64) $9-2-6=$

(65) $9-3-3=$

(66) $9-4-4=$

(67) $9-5-1=$

(68) $9-6-2=$

(69) $9-8-1=$

26 계산 Plus+

세 수의 계산

● 빈칸에 알맞은 수를 써넣으세요.

1
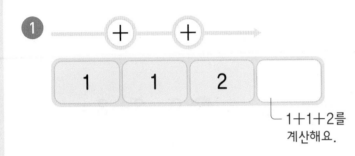

| 1 | 1 | 2 | |

1+1+2를
계산해요.

2

| 2 | 1 | 2 | |

3

| 3 | 2 | 4 | |

4

| 5 | 2 | 2 | |

5
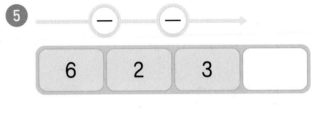

| 6 | 2 | 3 | |

6
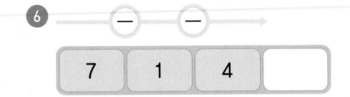

| 7 | 1 | 4 | |

7
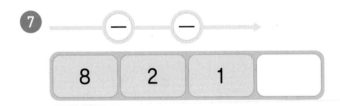

| 8 | 2 | 1 | |

8
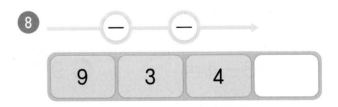

| 9 | 3 | 4 | |

9   +3   +2

2   ⬜

└ 2+3+2를
계산해요.

13   −1   −3

4   ⬜

10   +1   +1

3   ⬜

14   −2   −4

7   ⬜

11   +1   +2

6   ⬜

15   −1   −4

8   ⬜

12   +1   +1

7   ⬜

16   −2   −5

9   ⬜

세 수의 계산을 하여 계산 결과가 나타내는 색으로 색칠해 보세요.

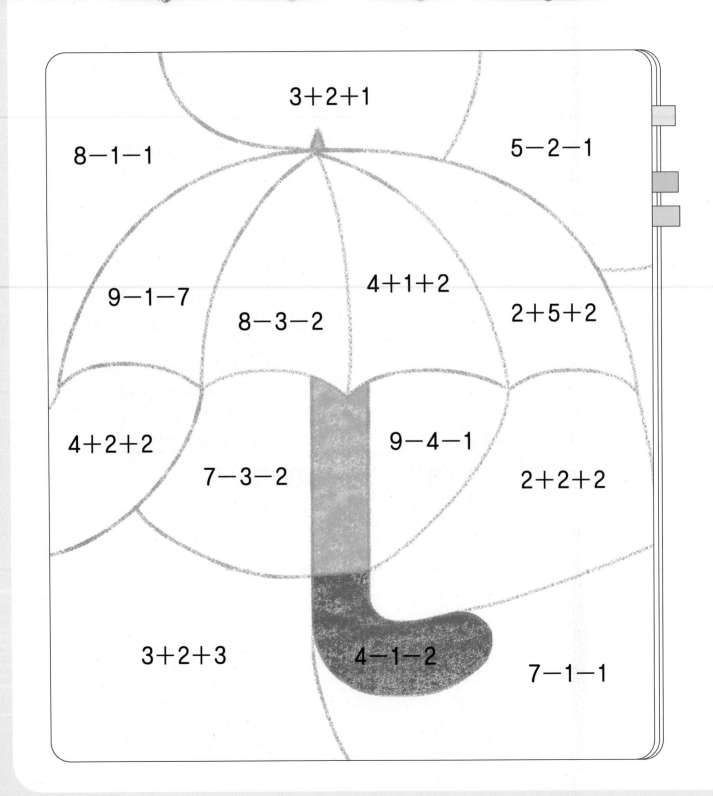

○ 왕자님이 신데렐라를 찾아 가려고 합니다. 계산 결과를 따라가 보세요.

이어 세어 두 수를 더하기

9+4의 계산

9에서부터 4만큼 이어 세어 보면 9, 10, 11, 12, 13입니다.

9 10 11 12 13

$$9+4=13$$

○ 덧셈을 해 보세요.

①

4   5 6 7 8 9 ☐ ☐

$4+7=$ ☐

②

5   6 7 8 9 ☐ ☐ ☐ ☐ ☐

$5+9=$ ☐

③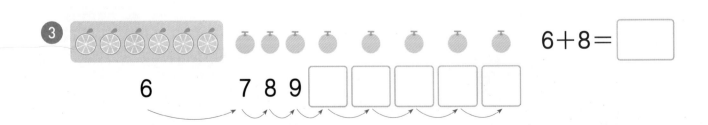

6   7 8 9 ☐ ☐ ☐ ☐ ☐

$6+8=$ ☐

④ 5+8=☐

⑤ 6+7=☐

⑥ 7+7=☐

⑦ 8+4=☐

⑧ 8+8=☐

⑨ 9+3=☐

○ 덧셈을 해 보세요.

10

$2+9=\boxed{}$

14

$6+6=\boxed{}$

11

$3+8=\boxed{}$

15

$7+4=\boxed{}$

12

$4+9=\boxed{}$

16

$8+5=\boxed{}$

13

$5+7=\boxed{}$

17

$9+5=\boxed{}$

18

$3+9=$ ▢

19

$4+8=$ ▢

20

$5+6=$ ▢

21

$6+9=$ ▢

22

$7+5=$ ▢

23

$8+3=$ ▢

24

$8+7=$ ▢

25

$9+9=$ ▢

두 수를 바꾸어 더하기

두 수를 바꾸어 더해도 합이 같습니다.

9 10 11

8

$8+3=11$

3

4 5 6 7
8 9 10 11

$3+8=11$

○ 두 수를 더해 보세요.

❶ ⇨ $4+7=$ ☐

⇨ $7+4=$ ☐

❷ ⇨ $6+5=$ ☐

⇨ $5+6=$ ☐

❸ ⇨ $8+6=$ ☐

⇨ $6+8=$ ☐

④  ⇨ $4+9=$ ☐

⇨ $9+4=$ ☐

⑤  ⇨ $5+7=$ ☐

⇨ $7+5=$ ☐

⑥  ⇨ $7+6=$ ☐

⇨ $6+7=$ ☐

⑦ 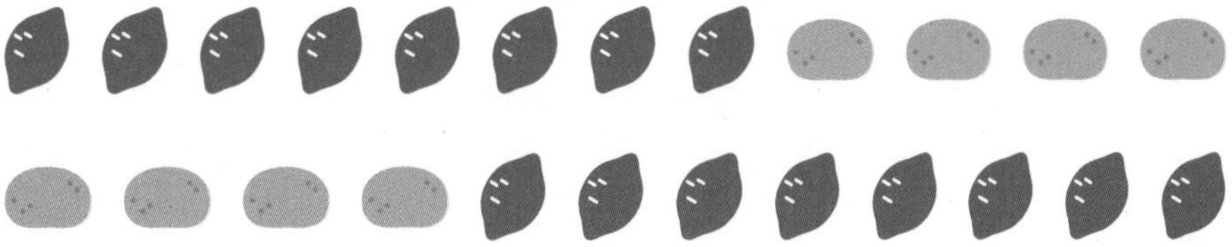 ⇨ $8+4=$ ☐

⇨ $4+8=$ ☐

⑧  ⇨ $9+8=$ ☐

⇨ $8+9=$ ☐

○ ☐ 안에 알맞은 수를 써넣으세요.

9 $2+9=9+$ ☐

16 $7+9=9+$ ☐

10 $3+8=8+$ ☐

17 $8+4=4+$ ☐

11 $5+8=8+$ ☐

18 $8+6=6+$ ☐

12 $6+5=5+$ ☐

19 $8+7=7+$ ☐

13 $6+9=9+$ ☐

20 $9+3=3+$ ☐

14 $7+5=5+$ ☐

21 $9+4=4+$ ☐

15 $7+6=6+$ ☐

22 $9+8=8+$ ☐

㉓ $3+9=9+\boxed{}$　　　㉚ $7+8=8+\boxed{}$

㉔ $4+8=8+\boxed{}$　　　㉛ $8+3=3+\boxed{}$

㉕ $5+6=6+\boxed{}$　　　㉜ $8+5=5+\boxed{}$

㉖ $5+7=7+\boxed{}$　　　㉝ $8+9=9+\boxed{}$

㉗ $6+7=7+\boxed{}$　　　㉞ $9+2=2+\boxed{}$

㉘ $6+8=8+\boxed{}$　　　㉟ $9+5=5+\boxed{}$

㉙ $7+4=4+\boxed{}$　　　㊱ $9+7=7+\boxed{}$

10이 되는 더하기

$1+9=10$
$2+8=10$
$3+7=10$
$4+6=10$
$5+5=10$

$6+4=10$
$7+3=10$
$8+2=10$
$9+1=10$

○ ☐ 안에 알맞은 수를 써넣으세요.

1

$3+\boxed{}=10$

3

$\boxed{}+5=10$

2

$7+\boxed{}=10$

4

$\boxed{}+2=10$

◉ 합이 10이 되도록 ○를 더 그려 넣고 ☐ 안에 알맞은 수를 써넣으세요.

5
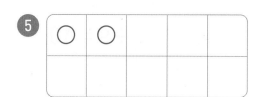

$$2 + \boxed{} = 10$$

9
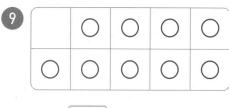

$$\boxed{} + 9 = 10$$

6
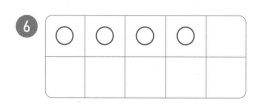

$$4 + \boxed{} = 10$$

10
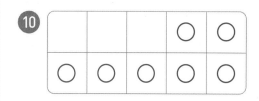

$$\boxed{} + 7 = 10$$

7
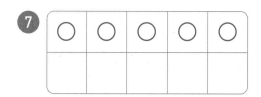

$$5 + \boxed{} = 10$$

11
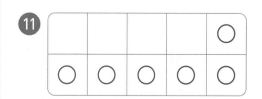

$$\boxed{} + 6 = 10$$

8
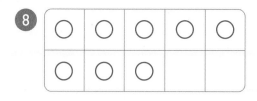

$$8 + \boxed{} = 10$$

12
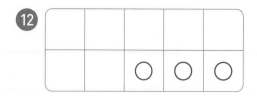

$$\boxed{} + 3 = 10$$

○ ☐ 안에 알맞은 수를 써넣으세요.

13 $2+\boxed{}=10$

19 $7+\boxed{}=10$

25 $\boxed{}+9=10$

14 $4+\boxed{}=10$

20 $1+\boxed{}=10$

26 $\boxed{}+5=10$

15 $9+\boxed{}=10$

21 $6+\boxed{}=10$

27 $\boxed{}+3=10$

16 $8+\boxed{}=10$

22 $\boxed{}+7=10$

28 $\boxed{}+1=10$

17 $3+\boxed{}=10$

23 $\boxed{}+2=10$

29 $\boxed{}+6=10$

18 $5+\boxed{}=10$

24 $\boxed{}+4=10$

30 $\boxed{}+8=10$

③① $3 + \boxed{} = 10$

③⑦ $4 + \boxed{} = 10$

④③ $2 + \boxed{} = 10$

③② $\boxed{} + 6 = 10$

③⑧ $\boxed{} + 2 = 10$

④④ $\boxed{} + 3 = 10$

③③ $9 + \boxed{} = 10$

③⑨ $6 + \boxed{} = 10$

④⑤ $1 + \boxed{} = 10$

③④ $\boxed{} + 5 = 10$

④⓪ $\boxed{} + 9 = 10$

④⑥ $\boxed{} + 8 = 10$

③⑤ $8 + \boxed{} = 10$

④① $5 + \boxed{} = 10$

④⑦ $7 + \boxed{} = 10$

③⑥ $\boxed{} + 7 = 10$

④② $\boxed{} + 1 = 10$

④⑧ $\boxed{} + 4 = 10$

계산 Plus+

덧셈

● 합이 같은 것끼리 선으로 이어 보세요.

①

2+9 ・   ・ 7+4

4+7 ・   ・ 9+2

④

4+8 ・   ・ 8+4

5+7 ・   ・ 7+5

②

3+8 ・   ・ 8+3

5+6 ・   ・ 6+5

⑤

7+8 ・   ・ 8+7

3+9 ・   ・ 9+3

③

6+7 ・   ・ 9+7

7+9 ・   ・ 7+6

⑥

5+9 ・   ・ 6+8

8+6 ・   ・ 9+5

○ 빈칸에 알맞은 수를 써넣으세요.

7 　2 → + ☐ → 10
└ 2 + ☐ = 10에서
☐의 값을 구해요.

8 　3 → + ☐ → 10

9 　5 → + ☐ → 10

10 　6 → + ☐ → 10

11 　8 → + ☐ → 10

12 　9 → + ☐ → 10

13 　☐ → +9 → 10

14 　☐ → +7 → 10

15 　☐ → +6 → 10

16 　☐ → +4 → 10

17 　☐ → +3 → 10

18 　☐ → +2 → 10

○ 관계있는 것끼리 선으로 이어 보세요.

 5+7 •

 •

•  11

 8+6 •

 •

•  12

 6+5 •

 •

•  13

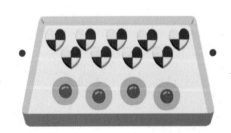 9+4 •

•  14

◉ 합이 10이 되는 두 수를 찾아 선으로 이어 보세요.

(일)

(이)

(칠)

(육)

(구)

(삼)

(팔)

(사)

31

10에서 빼기

$10-1=9$	$10-6=4$
$10-2=8$	$10-7=3$
$10-3=7$	$10-8=2$
$10-4=6$	$10-9=1$
$10-5=5$	

○ ☐ 안에 알맞은 수를 써넣으세요.

❶
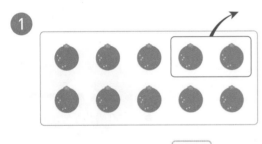

$10-2=$ ☐

❸
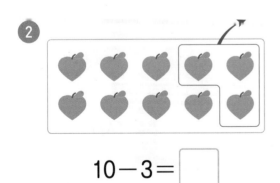

$10-$ ☐ $=4$

❷
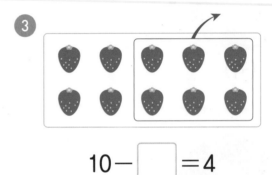

$10-3=$ ☐

❹
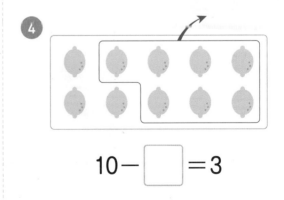

$10-$ ☐ $=3$

5

$10-1=\boxed{}$

6

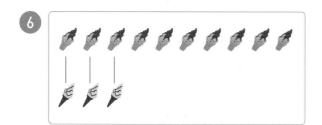

$10-3=\boxed{}$

7

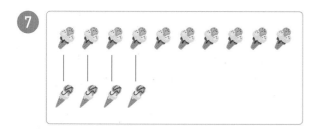

$10-4=\boxed{}$

8

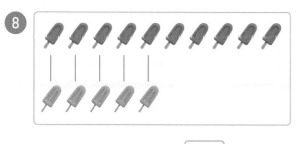

$10-5=\boxed{}$

9

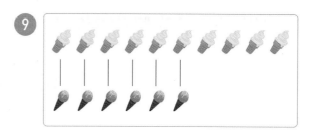

$10-\boxed{}=4$

10

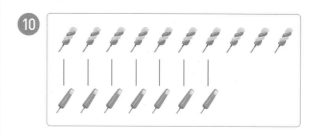

$10-\boxed{}=3$

11

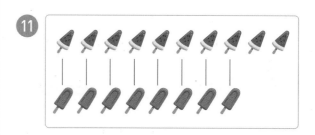

$10-\boxed{}=2$

12

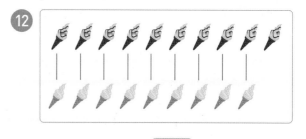

$10-\boxed{}=1$

○ ☐ 안에 알맞은 수를 써넣으세요.

⑬ 10 − 2 = ☐

⑭ 10 − 4 = ☐

⑮ 10 − 8 = ☐

⑯ 10 − 3 = ☐

⑰ 10 − 6 = ☐

⑱ 10 − 1 = ☐

⑲ 10 − 5 = ☐

⑳ 10 − 7 = ☐

㉑ 10 − 9 = ☐

㉒ 10 − ☐ = 4

㉓ 10 − ☐ = 8

㉔ 10 − ☐ = 1

㉕ 10 − ☐ = 6

㉖ 10 − ☐ = 3

㉗ 10 − ☐ = 2

㉘ 10 − ☐ = 7

㉙ 10 − ☐ = 5

㉚ 10 − ☐ = 9

㉛ $10 - 3 = \boxed{}$

㊲ $10 - 5 = \boxed{}$

㊸ $10 - 9 = \boxed{}$

㉜ $10 - \boxed{} = 4$

㊳ $10 - \boxed{} = 7$

㊹ $10 - \boxed{} = 8$

㉝ $10 - 7 = \boxed{}$

㊴ $10 - 1 = \boxed{}$

㊺ $10 - 6 = \boxed{}$

㉞ $10 - \boxed{} = 2$

㊵ $10 - \boxed{} = 6$

㊻ $10 - \boxed{} = 5$

㉟ $10 - 4 = \boxed{}$

㊶ $10 - 8 = \boxed{}$

㊼ $10 - 2 = \boxed{}$

㊱ $10 - \boxed{} = 1$

㊷ $10 - \boxed{} = 3$

㊽ $10 - \boxed{} = 9$

10을 만들어 세 수 더하기

합이 10이 되는 두 수를 먼저 더해서 10을 만든 다음 10과 나머지 한 수를 더합니다.

$6+4+2=12$

❶ 10
❷ 12

$3+4+6=13$

❶ 10
❷ 13

$4+5+6=15$

❶ 10
❷ 15

○ 계산해 보세요.

❶ $1+9+3=\boxed{}$

❸ $2+4+6=\boxed{}$

❺ $7+4+3=\boxed{}$

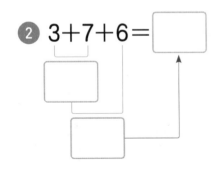

❷ $3+7+6=\boxed{}$

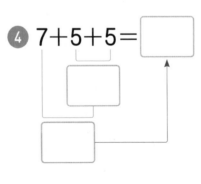

❹ $7+5+5=\boxed{}$

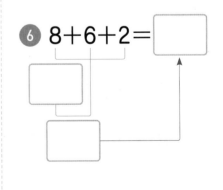

❻ $8+6+2=\boxed{}$

⑦ 2+8+5=

⑧ 4+6+7=

⑨ 5+5+9=

⑩ 6+4+1=

⑪ 7+3+4=

⑫ 8+2+6−

⑬ 9+1+8=

⑭ 7+1+9=

⑮ 3+2+8=

⑯ 5+3+7=

⑰ 9+6+4=

⑱ 8+7+3=

⑲ 4+8+2=

⑳ 6+9+1=

㉑ 1+2+9=

㉒ 2+5+8=

㉓ 3+4+7=

㉔ 4+9+6=

㉕ 5+6+5=

㉖ 6+7+4=

㉗ 9+8+1=

○ 계산해 보세요.

㉘ $1+9+4=$　　㉟ $5+2+8=$　　㊷ $1+4+9=$

㉙ $3+7+7=$　　㊱ $6+3+7=$　　㊸ $2+7+8=$

㉚ $4+6+2=$　　㊲ $2+4+6=$　　㊹ $4+4+6=$

㉛ $5+5+6=$　　㊳ $8+5+5=$　　㊺ $5+2+5=$

㉜ $7+3+2=$　　㊴ $1+7+3=$　　㊻ $6+9+4=$

㉝ $8+2+7=$　　㊵ $5+8+2=$　　㊼ $8+3+2=$

㉞ $9+1+5=$　　㊶ $3+9+1=$　　㊽ $9+7+1=$

㊾ 2+8+1=

㊿ 6+4+7=

51 8+1+9=

52 4+5+5=

53 5+7+3=

54 3+1+7−

55 4+8+6=

56 8+7+2=

57 1+9+7=

58 3+7+4=

59 5+5+2=

60 8+4+6=

61 4+7+3=

62 6+5+4=

63 4+1+6=

64 7+6+3=

65 9+5+1=

66 4+6+9=

67 7+3+6=

68 9+2+8=

69 9+5+5=

33 계산 Plus+

덧셈과 뺄셈

○ 빈칸에 알맞은 수를 써넣으세요.

1 10 → − ☐ → 1

└ 10−☐=1에서
☐의 값을 구해요.

5 10 → −2 → ☐

└ 10−2를
계산해요.

2 10 → − ☐ → 3

6 10 → −4 → ☐

3 10 → − ☐ → 6

7 10 → −5 → ☐

4 10 → − ☐ → 8

8 10 → −9 → ☐

9

+9 +8

2 → ☐

└ 2+9+8을
계산해요.

13

+4 +5

6 → ☐

10

+7 +5

3 → ☐

14

+2 +3

7 → ☐

11

+4 +5

5 → ☐

15

+3 +7

8 → ☐

12

+8 +2

6 → ☐

16

+1 +4

9 → ☐

● 두 수의 뺄셈을 하여 아래의 수가 나오도록 빈칸에 알맞은 수를 써넣으세요.

10 — ◯ =7에서
◯ 의 값을 구해요.

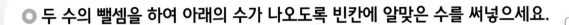

10 — 2

10－2를
계산해요.

10 — ◯

7

10 — 4

10 — ◯

1

10 — 8

10 — ◯

5

○ 나무 인형 4개 중 틀린 계산식을 들고 있는 인형이 진짜 피노키오입니다.
진짜 피노키오를 찾아 ◯표 하세요.

$4+9+1=14$

나무 인형 ①

$2+8+5=15$

나무 인형 ②

$4+7+6=17$

나무 인형 ③

$7+2+3=13$

나무 인형 ④

덧셈과 뺄셈(1) 평가

○ 계산해 보세요.

① $1+1+4=$

② $2+2+1=$

③ $8-1-6=$

④ $9-3-1-$

⑤ $9-1-4=$

⑥ 덧셈을 해 보세요.

$7+6=\boxed{}$

○ ☐ 안에 알맞은 수를 써넣으세요.

⑦ $2+6=6+\boxed{}$

⑧ $3+\boxed{}=10$

⑨ $8+\boxed{}=10$

⑩ $\boxed{}+6=10$

○ ☐ 안에 알맞은 수를 써넣으세요.

⑪ 10−5= ☐

⑫ 10− ☐ =7

⑬ 10− ☐ =2

○ 계산해 보세요.

⑭ 1+9+4=

⑮ 9+3+7=

⑯ 8+1+2=

○ 빈칸에 알맞은 수를 써넣으세요.

⑰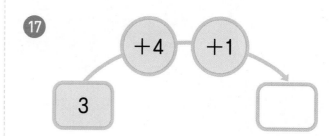

⑱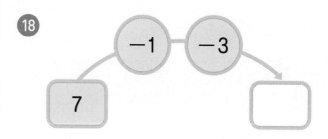

⑲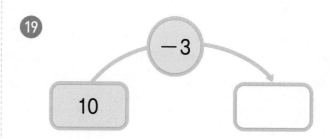

⑳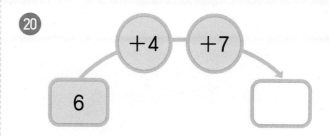

5

받아올림이 있는 덧셈과
받아내림이 있는 뺄셈 훈련이 중요한

덧셈과 뺄셈(2)

35 10을 이용하여 모으기와 가르기

● **10을 이용하여 모으기와 가르기**

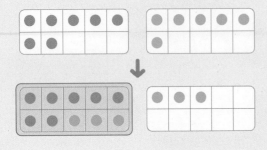

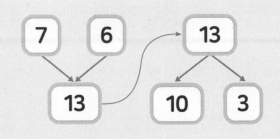

○ 10을 이용하여 모으기와 가르기를 해 보세요.

❶
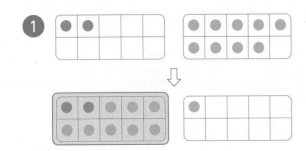

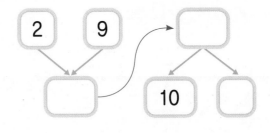

❷
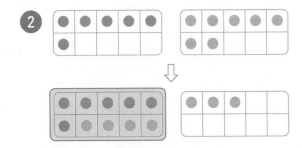

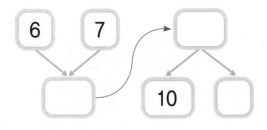

3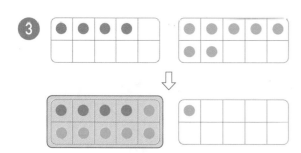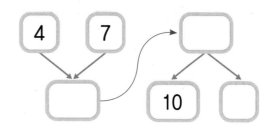

4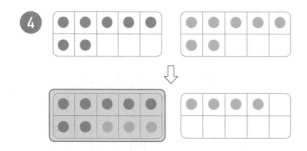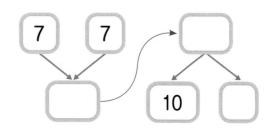

5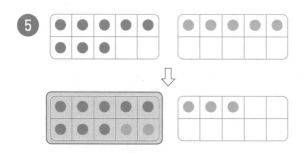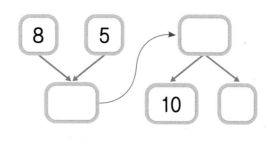

6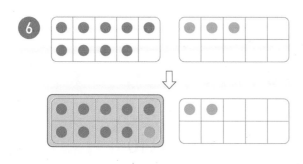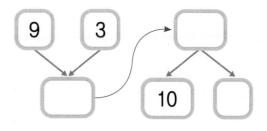

○ 10을 이용하여 모으기와 가르기를 해 보세요.

7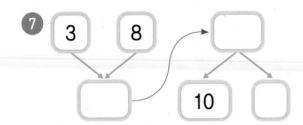

8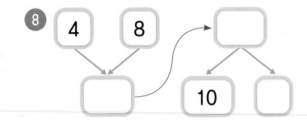

9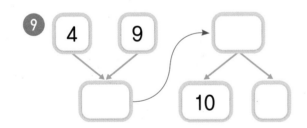

10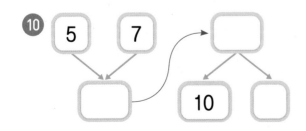

11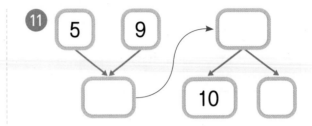

12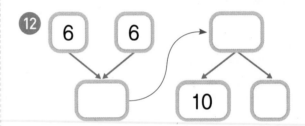

13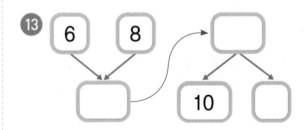

14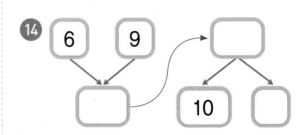

15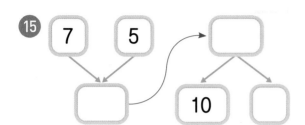

19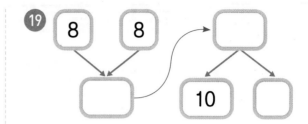

16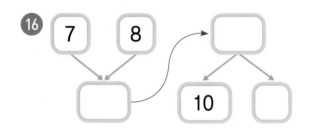

20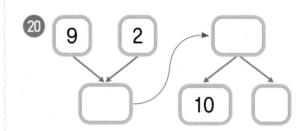

17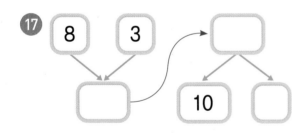

21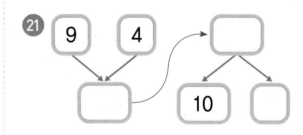

18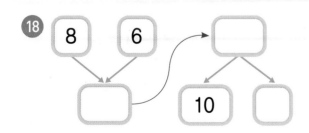

22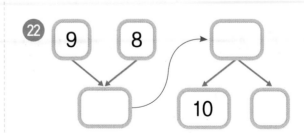

36 받아올림이 있는 (몇)+(몇)

● 8+5의 계산
8이 10이 되도록 뒤의 수인 5를 가르기 하여 계산합니다.

$$8 + 5 = 13$$
2   3

● 4+7의 계산
7이 10이 되도록 앞의 수인 4를 가르기 하여 계산합니다.

$$4 + 7 = 11$$
1   3

○ 계산해 보세요.

❶ $9+3=$ □
□   2

❷ $9+5=$ □
□   4

❸ $8+4=$ □
□   2

❹ $8+6=$ □
□   4

❺ $7+6=$ □
□   3

❻ $6+9=$ □
□   5

❼ $5+9=$ □
□   4

❽ $4+8=$ □
□   2

❾ $3+9=$ □
□   2

⑩ 4+9=☐

3 ☐

⑮ 8+7=☐

5 ☐

⑳ 7+4=☐

1 ☐

⑪ 7+9=☐

6 ☐

⑯ 5+6=☐

1 ☐

㉑ 9+4=☐

3 ☐

⑫ 5+8=☐

3 ☐

⑰ 9+6=☐

5 ☐

㉒ 8+3=☐

1 ☐

⑬ 9+8=☐

7 ☐

⑱ 7+5=☐

2 ☐

㉓ 9+3=☐

2 ☐

⑭ 6+7=☐

3 ☐

⑲ 8+5=☐

3 ☐

㉔ 9+2=☐

1 ☐

○ 계산해 보세요.

㉕ 9+2=

㉜ 6+5=

㊴ 6+8=

㉖ 9+6=

㉝ 6+9=

㊵ 7+8=

㉗ 9+8=

㉞ 5+8=

㊶ 5+7=

㉘ 8+3=

㉟ 4+7=

㊷ 9+7=

㉙ 8+7=

㊱ 2+9=

㊸ 7+6=

㉚ 7+4=

㊲ 5+9=

㊹ 8+6=

㉛ 7+9=

㊳ 4+8=

㊺ 6+5=

㊻ 2+9=

㊼ 7+7=

㊽ 8+4=

㊾ 6+9=

㊿ 3+9=

(51) 8+5=

(52) 4+9=

(53) 3+8=

(54) 9+5=

(55) 6+7=

(56) 5+6=

(57) 9+3=

(58) 6+6=

(59) 8+8=

(60) 7+5=

(61) 9+7=

(62) 8+9=

(63) 9+9=

(64) 5+8=

(65) 7+4=

(66) 9+4=

37 받아내림이 있는 (십몇)−(몇)

● **14−6의 계산**

14에서 뒤의 수를 뺐을 때, 10이 되도록 뒤의 수인 6을 가르기 하여 계산합니다.

$$14 - 6 = 8$$
$$4 \quad 2$$

● **13−9의 계산**

13을 10과 몇으로 가르기 하여 계산합니다.

$$13 - 9 = 4$$
$$10 \quad 3$$

○ 계산해 보세요.

① $11 - 4 = \boxed{}$

$\boxed{} \quad 3$

② $12 - 6 = \boxed{}$

$\boxed{} \quad 4$

③ $13 - 5 = \boxed{}$

$\boxed{} \quad 2$

④ $13 - 8 = \boxed{}$

$\boxed{} \quad 5$

⑤ $14 - 7 = \boxed{}$

$\boxed{} \quad 3$

⑥ $15 - 6 = \boxed{}$

$\boxed{} \quad 1$

⑦ $15 - 9 = \boxed{}$

$\boxed{} \quad 4$

⑧ $16 - 8 = \boxed{}$

$\boxed{} \quad 2$

⑨ $17 - 9 = \boxed{}$

$\boxed{} \quad 2$

⑩ 11−3= ☐
10 ☐

⑮ 12−9= ☐
10 ☐

⑳ 15−7= ☐
10 ☐

⑪ 11−6= ☐
10 ☐

⑯ 13−4= ☐
10 ☐

㉑ 15−8= ☐
10 ☐

⑫ 11−8= ☐
10 ☐

⑰ 13−7= ☐
10 ☐

㉒ 16−7= ☐
10 ☐

⑬ 12−4= ☐
10 ☐

⑱ 14−5= ☐
10 ☐

㉓ 16−9= ☐
10 ☐

⑭ 12−7= ☐
10 ☐

⑲ 14−8= ☐
10 ☐

㉔ 18−9= ☐
10 ☐

○ 계산해 보세요.

㉕ 11-2=

㉜ 12-6=

㊴ 14-8=

㉖ 11-4=

㉝ 12-7=

㊵ 14-9=

㉗ 11-5=

㉞ 12-8=

㊶ 15-6=

㉘ 11-7=

㉟ 13-4=

㊷ 15-8=

㉙ 11-9=

㊱ 13-6=

㊸ 16-7=

㉚ 12-3=

㊲ 13-9=

㊹ 16-9=

㉛ 12-5=

㊳ 14-6=

㊺ 17-8=

㊻ 11−3=

㊼ 13−5=

㊽ 15−7=

㊾ 11−8=

㊿ 12−3=

(51) 14−5=

(52) 13−8=

(53) 12−7=

(54) 11−5=

(55) 14−8=

(56) 15−9=

(57) 13−9=

(58) 17−9=

(59) 11−9=

(60) 12−4=

(61) 11−6=

(62) 14−7=

(63) 16−8=

(64) 13−7=

(65) 12−9=

(66) 18−9=

38 어떤 수 구하기

원리 덧셈식을 뺄셈식으로 나타내기

2 + 4 = 6 → $\begin{cases} 6 - 2 = 4 \\ 6 - 4 = 2 \end{cases}$

적용 덧셈식의 어떤 수(□) 구하기

· 4+□=11 → □=11−4=7
· □+7=11 → □=11−7=4

원리 뺄셈식을 덧셈식으로 나타내기

6 − 2 = 4 → $\begin{cases} 4 + 2 = 6 \\ 2 + 4 = 6 \end{cases}$

적용 뺄셈식의 어떤 수(□) 구하기

· 13−□=8 → □+8=13
            → □=13−8=5
· □−5=8 → □=8+5=13

○ 어떤 수(□)를 구하려고 합니다. 빈칸에 알맞은 수를 써넣으세요.

① 5+□=12

12−5=□

③ □+9=15

15−9=□

② 7+□=14

14−7=□

④ □+8=17

17−8=□

⑤ 11 − ☐ = 5

11 − 5 = ☐

⑥ 13 − ☐ = 7

13 − 7 = ☐

⑦ 15 − ☐ = 8

15 − 8 = ☐

⑧ 18 − ☐ = 9

18 − 9 = ☐

⑨ ☐ − 8 = 3

3 + 8 = ☐

⑩ ☐ − 7 = 5

5 + 7 = ☐

⑪ ☐ − 8 = 6

6 + 8 = ☐

⑫ ☐ − 7 = 9

9 + 7 = ☐

○ 어떤 수($\square$)를 구하려고 합니다. 빈칸에 알맞은 수를 써넣으세요.

13 $5 + \square = 11$

19 $\square + 3 = 11$

14 $9 + \square = 12$

20 $\square + 8 = 12$

15 $8 + \square = 13$

21 $\square + 9 = 14$

16 $6 + \square = 14$

22 $\square + 6 = 15$

17 $7 + \square = 15$

23 $\square + 7 = 16$

18 $9 + \square = 17$

24 $\square + 9 = 18$

25 $11 - \boxed{} = 4$

26 $12 - \boxed{} = 9$

27 $13 - \boxed{} = 5$

28 $15 - \boxed{} = 7$

29 $16 - \boxed{} = 7$

30 $17 - \boxed{} = 8$

31 $\boxed{} - 9 = 3$

32 $\boxed{} - 8 = 4$

33 $\boxed{} - 9 = 5$

34 $\boxed{} - 7 = 7$

35 $\boxed{} - 6 = 8$

36 $\boxed{} - 9 = 9$

39 계산 Plus+

덧셈과 뺄셈

○ 빈칸에 알맞은 수를 써넣으세요.

1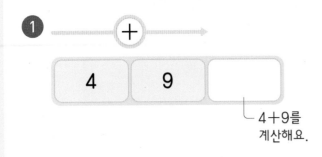

| 4 | 9 | |

└ 4+9를
계산해요.

2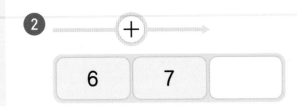

| 6 | 7 | |

3

| 7 | 4 | |

4

| 8 | 6 | |

5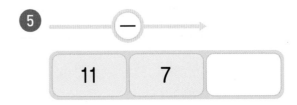

| 11 | 7 | |

6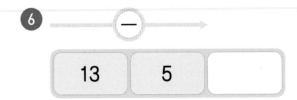

| 13 | 5 | |

7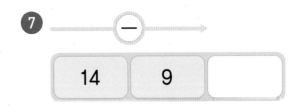

| 14 | 9 | |

8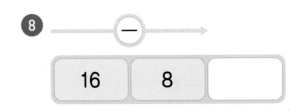

| 16 | 8 | |

9
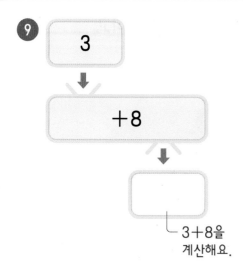

3

+8

3+8을
계산해요.

12
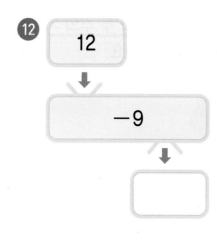

12

−9

10
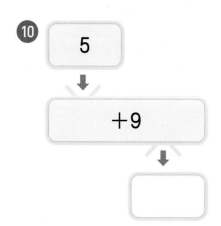

5

+9

13
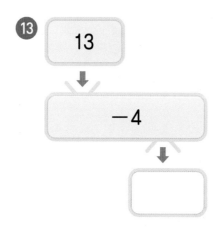

13

−4

11
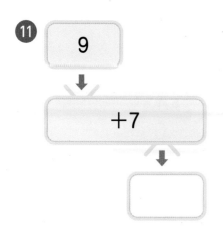

9

+7

14
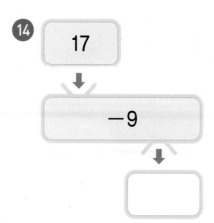

17

−9

● 개구리가 지나가는 잎 위의 두 수의 차가 연꽃 위의 수가 되도록 선으로 연결하고, 뺄셈식으로 나타내어 보세요.

식 _____

식 _____

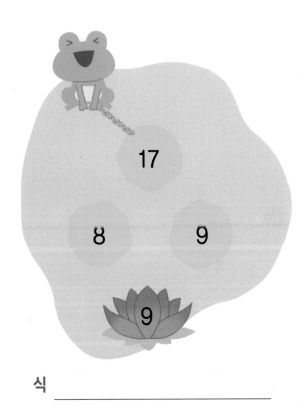

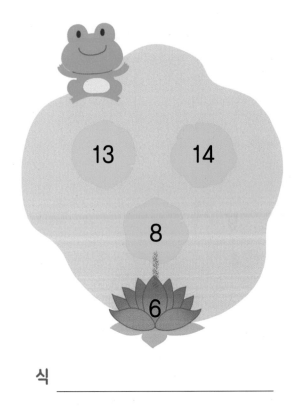

식 _____

식 _____

○ 사다리를 타고 내려가서 도착한 곳에 계산 결과를 써넣으세요.
  (단, 사다리 타기는 사다리를 타고 내려가다가 가로로 놓은 선을 만날 때마다
  가로선을 따라 꺾어서 맨 아래까지 내려가는 놀이입니다.)

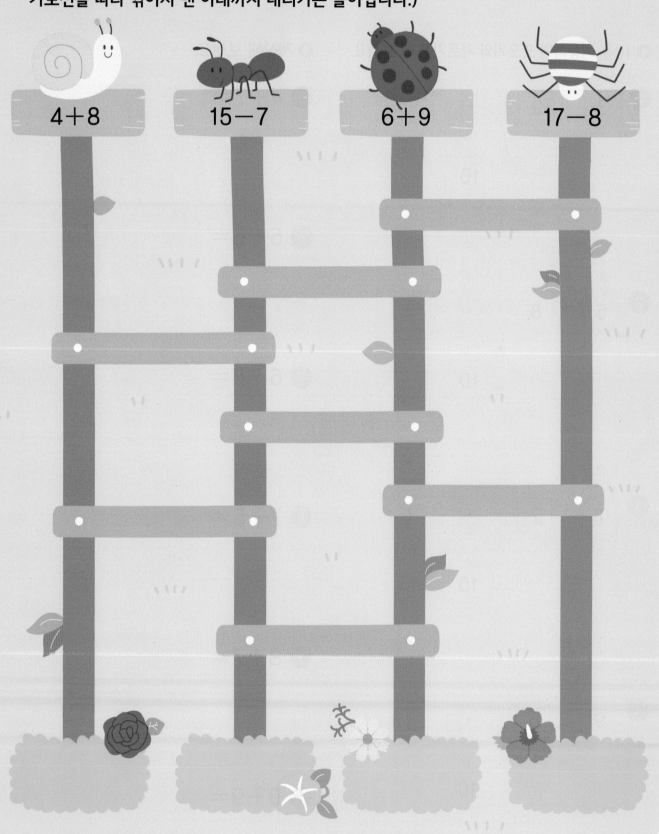

4+8   15−7   6+9   17−8

40 덧셈과 뺄셈(2) 평가

○ 10을 이용하여 모으기와 가르기를 해 보세요.

1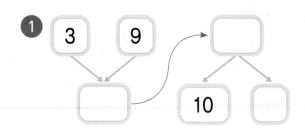

3 9 → ☐
☐ 10 ☐

2

5 8 → ☐
☐ 10 ☐

3

7 7 → ☐
☐ 10 ☐

4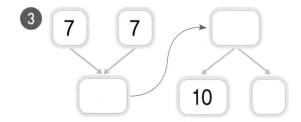

9 6 → ☐
☐ 10 ☐

○ 계산해 보세요.

5 4+7=

6 5+6=

7 6+8=

8 7+5=

9 8+7=

10 9+9=

⑪ 11－8＝

⑫ 12－6＝

⑬ 13－4＝

⑭ 14－5＝

⑮ 15－7＝

⑯ 16－9＝

○ 빈칸에 알맞은 수를 써넣으세요.

⑰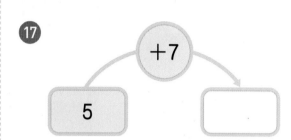

⑱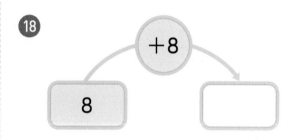

⑲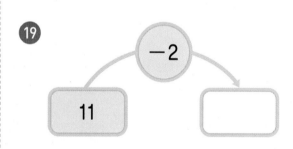

⑳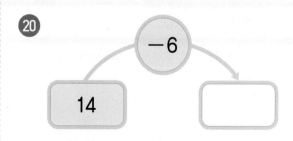

실력평가

1 수로 나타내어 보세요.

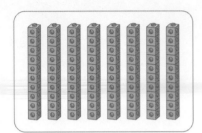

2 수를 두 가지로 읽어 보세요.

67

3 순서에 맞게 빈칸에 알맞은 수를 써넣으세요.

☐ — 73 — 74 — ☐

4 두 수의 크기를 비교하여 ○ 안에 >, =, <를 알맞게 써넣으세요.

51 ◯ 54

5 가장 큰 수를 찾아 ○표 하세요.

76   63   88

○ 계산해 보세요. [**6**∼**13**]

6 30+2=

7 24+5=

8 10+40=

9 36−5=

10 60−20=

11 59−30=

12 48−14=

13 3+4+1=

⑭ 덧셈을 해 보세요.

$$4+8=\boxed{}$$

⑳ 빈칸에 알맞은 수를 써넣으세요.

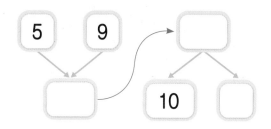

○ ☐ 안에 알맞은 수를 써넣으세요. [⑮~⑲]

⑮ $4+7=7+\boxed{}$

⑯ $\boxed{}+6=10$

⑰ $5+\boxed{}=10$

⑱ $10-3=\boxed{}$

⑲ $10-\boxed{}=9$

○ 계산해 보세요. [㉑~㉕]

㉑ $3+7+4=$

㉒ $6+5+5=$

㉓ $5+7=$

㉔ $6+9=$

㉕ $11-4=$

1 수를 두 가지로 읽어 보세요.

70

2 수로 나타내어 보세요.

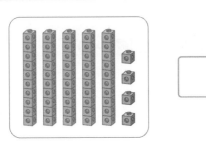

3 순서에 맞게 빈칸에 알맞은 수를 써넣으세요.

4 두 수의 크기를 비교하여 ◯ 안에 >, =, <를 알맞게 써넣으세요.

73 ◯ 62

5 가장 작은 수를 찾아 ◯표 하세요.

64	75	69

○ 계산해 보세요. [6~11]

6 50＋6＝

7 31＋7＝

8 32＋16＝

9 59－4＝

10 70－40＝

11 8－2－1＝

○ □ 안에 알맞은 수를 써넣으세요. [⑫~⑱]

⑫ $3+9=9+\square$

⑬ $\square+9=10$

⑭ $3+\square=10$

⑮ $2+\square=10$

⑯ $10-6=\square$

⑰ $10-\square=5$

⑱ $10-\square=1$

○ 계산해 보세요. [⑲~㉕]

⑲ $3+8+2=$

⑳ $7+5+3=$

㉑ $3+9=$

㉒ $7+6=$

㉓ $12-8=$

㉔ $13-6=$

㉕ $18-9=$

1 □ 안에 알맞은 수를 써넣으세요.

10개씩 묶음 9개

○ 계산해 보세요. [**6**~**12**]

6 53+4=

2 수를 세어 □ 안에 알맞은 수를 써 넣고, 그 수를 두 가지로 읽어 보 세요.

7 30+60=

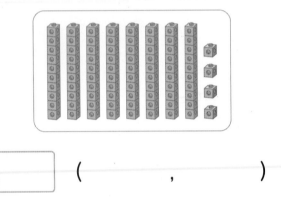

(,   )

8 51+27=

3 순서에 맞게 빈칸에 알맞은 수를 써넣으세요.

93 ▢ 95 ▢

9 72-60=

10 87-25=

4 두 수의 크기를 비교하여 ○ 안에 >, =, <를 알맞게 써넣으세요.

65 ○ 69

11 1+5+3=

5 가장 큰 수를 찾아 ○표 하세요.

72   58   71

12 9-5-2=

○ ☐ 안에 알맞은 수를 써넣으세요. [⑬〜⑱]

⑬ $\boxed{}+3=10$

⑭ $\boxed{}+8=10$

⑮ $4+\boxed{}=10$

⑯ $10-1=\boxed{}$

⑰ $10-5=\boxed{}$

⑱ $10-\boxed{}=2$

○ 계산해 보세요. [⑲〜㉕]

⑲ $1+9+8=$

⑳ $8+7+2=$

㉑ $6+8=$

㉒ $8+5=$

㉓ $9+7=$

㉔ $15-7=$

㉕ $17-8=$

memo

정답
QR 코드

완자

공부력

정답

계산

× 초등 수학

1B

1학년

visang

우리는 남다른 상상과 혁신으로
교육 문화의 새로운 전형을 만들어
모든 이의 행복한 경험과 성장에 기여한다

ABOVE IMAGINATION

우리는 남다른 상상과 혁신으로
교육 문화의 새로운 전형을 만들어
모든 이의 행복한 경험과 성장에 기여한다

완자

공부력

초등 수학
계산 1B

. . . .

정답

완자 공부력 가이드

완자 공부력 시리즈는
앞으로도 계속 출간될 예정입니다.

1~2학년용 4책

쓰기력

전과목 어휘 1~6학년용 12책

전과목 한자 어휘 1~6학년용 12책

영어 파닉스 1~2학년용 2책

영어 영단어 3~6학년용 8책

어휘력

국어 독해 1~6학년용 12책

한국사 독해 인물편 3~6학년용 4책

한국사 독해 시대편 3~6학년용 4책

독해력

수학 계산 1~6학년용 12책

계산력

완자 공부력 시리즈로 공부 근육을 키워요!

매일 성장하는
초등 자기개발서
w 완자
공부력

학습의 기초가 되는 읽기, 쓰기, 셈하기와 관련된
공부력을 기워야 여러 교과를 터득하기 쉬워집니다.
또한 어휘력과 독해력, 쓰기력, 계산력을 바탕으로 한
'공부력'은 자기주도 학습으로 상당한 단계까지 올라갈 수
있는 밑바탕이 되어 줍니다. 그래서 매일 꾸준한 학습이
가능한 '완자 공부력 시리즈'로 공부하면 자기주도학습이
가능한 튼튼한 공부 근육을 키울 수 있을 것이라 확신합니다.

효과적인 공부력 강화 계획을 세워요!

● 학년별 공부 계획
내 학년에 맞게 꾸준하게 공부 계획을 세워요!

		1-2학년	3-4학년	5-6학년
기본	독해	국어 독해 1A 1B 2A 2B	국어 독해 3A 3B 4A 4B	국어 독해 5A 5B 6A 6B
	계산	수학 계산 1A 1B 2A 2B	수학 계산 3A 3B 4A 4B	수학 계산 5A 5B 6A 6B
	어휘	전과목 어휘 1A 1B 2A 2B	전과목 어휘 3A 3B 4A 4B	전과목 어휘 5A 5B 6A 6B
		파닉스 1 2	영단어 3A 3B 4A 4B	영단어 5A 5B 6A 6B
확장	어휘	전과목 한자 어휘 1A 1B 2A 2B	전과목 한자 어휘 3A 3B 4A 4B	전과목 한자 어휘 5A 5B 6A 6B
	쓰기	맞춤법 바로 쓰기 1A 1B 2A 2B		
	독해		한국사 독해 인물편 1 2 3 4	
			한국사 독해 시대편 1 2 3 4	

◎ 시기별 공부 계획

학기 중에는 **기본**, 방학 중에는 **기본 + 확장**으로 공부 계획을 세워요!

방학 중			
학기 중			
기본			**확장**
독해	계산	어휘	어휘, 쓰기, 독해
국어 독해	수학 계산	전과목 어휘	전과목 한자 어휘
		파닉스(1~2학년) 영단어(3~6학년)	맞춤법 바로 쓰기(1~2학년) 한국사 독해(3~6학년)

예시 초1 학기 중 공부 계획표 주 5일 하루 3과목 (45분)

월	화	수	목	금
국어 독해	국어 독해	국어 독해	국어 독해	국어 독해
수학 계산	수학 계산	수학 계산	수학 계산	수학 계산
전과목 어휘	파닉스	전과목 어휘	전과목 어휘	파닉스

예시 초4 방학 중 공부 계획표 주 5일 하루 4과목 (60분)

월	화	수	목	금
국어 독해	국어 독해	국어 독해	국어 독해	국어 독해
수학 계산	수학 계산	수학 계산	수학 계산	수학 계산
전과목 어휘	영단어	전과목 어휘	전과목 어휘	영단어
한국사 독해 인물편	전과목 한자 어휘	한국사 독해 인물편	전과목 한자 어휘	한국사 독해 인물편

1 100까지의 수

01 몇십

10쪽

1 6 / 60
2 8 / 80
3 7 / 70
4 9 / 90

11쪽

5 80
6 60
7 90
8 70
9 9
10 7
11 8
12 6

12쪽

13 예순
14 칠십
15 구십, 아흔
16 팔십, 여든
17 70, 일흔
18 80, 여든
19 60, 육십
20 90, 구십

13쪽

21 70 / 칠십, 일흔
22 90 / 구십, 아흔
23 60 / 육십, 예순
24 80 / 팔십, 여든

02 99까지의 수

14쪽

1 5, 8 / 58
2 8, 3 / 83
3 7, 6 / 76
4 9, 2 / 92

15쪽

5 65
6 79
7 93
8 54
9 86
10 5
11 8
12 9
13 8
14 7, 4

16쪽

15 쉰셋
16 구십일
17 예순다섯
18 팔십사
19 일흔둘
20 육십사, 예순넷
21 팔십구, 여든아홉
22 오십칠, 쉰일곱
23 칠십팔, 일흔여덟
24 구십칠, 아흔일곱

17쪽

25 59 / 오십구, 쉰아홉
26 63 / 육십삼, 예순셋
27 56 / 오십육, 쉰여섯
28 94 / 구십사, 아흔넷
29 71 / 칠십일, 일흔하나
30 82 / 팔십이, 여든둘

03 계산 Plus+ 99까지의 수

18쪽

1 53

2 75

3 84

4 68

5 92

6 77

19쪽

7 예순둘

8 구십오

9 육십칠

10 51

11 구십사

12 여든둘

13 칠십구

14 96

15 육십칠

16 예순여덟

17 87

18 칠십삼

19 예순다섯

20 91

20쪽

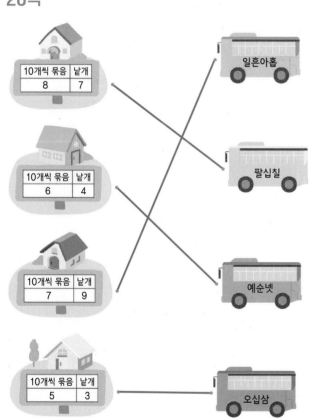

21쪽

가로 열쇠

1 예순여덟

3 오십구

5 10개씩 묶음 7개와 낱개 2개인 수

7 10개씩 묶음 8개와 낱개 4개인 수

세로 열쇠

2 여든다섯

4 10개씩 묶음 9개와 낱개 7개인 수

6 칠십사

7 10개씩 묶음 8개와 낱개 1개인 수

1 100까지의 수

04 100까지의 수의 순서

22쪽

1 52, 53
2 58, 59
3 63, 65
4 71, 73
5 79, 80
6 83, 86

23쪽

7 54, 56, 57
8 67, 69, 70
9 87, 90, 91
10 74, 75, 78
11 95, 98, 100
12 79, 82, 83

24쪽

13 51, 53
14 64, 66
15 71, 73
16 90, 92
17 59, 61
18 76, 78
19 88, 90
20 55, 57
21 79, 81
22 97, 99

25쪽

23 66, 68
24 73, 75
25 92, 94
26 54, 56
27 61, 63
28 77, 79
29 58, 60
30 69, 71
31 85, 87
32 98, 100

05 100까지의 두 수의 크기 비교

26쪽

1 <
2 <
3 >
4 <

27쪽

5 <
6 <
7 >
8 <
9 >
10 >
11 <
12 >

28쪽

13 <
14 <
15 <
16 >
17 >
18 <
19 >
20 <
21 <
22 >
23 >
24 >
25 >
26 <
27 <
28 >
29 >
30 <
31 <
32 <
33 >

29쪽

34 >
35 <
36 >
37 <
38 <
39 >
40 <
41 <
42 >
43 >
44 <
45 >
46 <
47 >
48 <
49 <
50 >
51 <
52 >
53 >
54 <

06 100까지의 세 수의 크기 비교

30쪽
❶ 8, 1 / 6, 4 / 81
❷ 7, 9 / 7, 4 / 85
❸ 6, 8 / 6, 4 / 68
❹ 9, 1 / 9, 3 / 93

31쪽
❺ 6, 5 / 8, 0 / 65
❻ 9, 2 / 8, 5 / 69
❼ 5, 4 / 8, 5 / 54
❽ 9, 8 / 9, 3 / 93
❾ 7, 4 / 8, 3 / 74
❿ 9, 7 / 8, 2 / 82

32쪽
⓫ 81
⓬ 90
⓭ 84
⓮ 91
⓯ 87
⓰ 73
⓱ 61
⓲ 95
⓳ 78
⓴ 59
㉑ 67
㉒ 69
㉓ 84
㉔ 62

33쪽
㉕ 58
㉖ 79
㉗ 65
㉘ 77
㉙ 68
㉚ 85
㉛ 57
㉜ 64
㉝ 91
㉞ 75
㉟ 82
㊱ 53
㊲ 85
㊳ 71

07 계산 Plus + 100까지의 수의 순서, 수의 크기 비교

34쪽
❶ 53, 54 / 56 / 60, 62
❷ 68, 69 / 71 / 75, 77
❸ 78, 80 / 83 / 86, 87
❹ 84, 86 / 89 / 92, 93
❺ 54, 55 / 58 / 64, 65
❻ 89, 90 / 93 / 99, 100

35쪽
❼ 80, 82
❽ 62, 64
❾ 77, 79
❿ 83, 85
⓫ 68, 70
⓬ 91, 93
⓭ 56, 58
⓮ 74, 76
⓯ 65, 67
⓰ 98, 100

36쪽

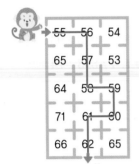

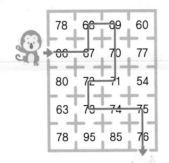

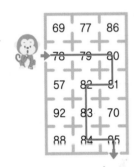

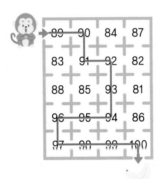

37쪽

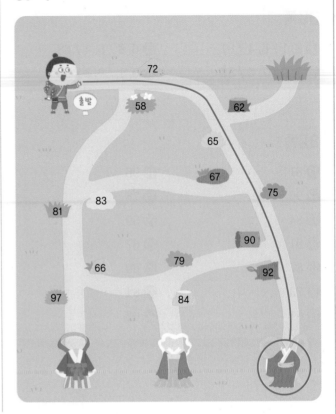

2 덧셈

09 받아올림이 없는 (몇십) + (몇)

42쪽

❶ 14	❸ 62	❺ 75
❷ 37	❹ 21	❻ 89

43쪽

❼ 27	⓭ 76	⓳ 35
❽ 32	⓮ 83	⓴ 56
❾ 39	⓯ 86	㉑ 26
❿ 43	⓰ 42	㉒ 87
⓫ 54	⓱ 63	㉓ 78
⓬ 67	⓲ 15	㉔ 99

44쪽

㉕ 17	㉙ 72	㉝ 55
㉖ 33	㉚ 94	㉞ 46
㉗ 45	㉛ 53	㉟ 88
㉘ 68	㉜ 74	㊱ 29

45쪽

㊲ 13	㊶ 85	㊿ 84
㊳ 19	㊺ 93	52 25
㊴ 24	㊻ 97	53 65
㊵ 38	㊼ 41	54 36
㊶ 49	㊽ 82	55 47
㊷ 52	㊾ 73	56 98
㊸ 66	50 34	57 59

10 받아올림이 없는 (몇십몇) + (몇)

46쪽

❶ 16	❸ 58	❺ 57
❷ 25	❹ 37	❻ 78

47쪽

❼ 17	⓭ 65	⓳ 19
❽ 27	⓮ 79	⓴ 95
❾ 38	⓯ 89	㉑ 85
❿ 49	⓰ 33	㉒ 67
⓫ 48	⓱ 56	㉓ 49
⓬ 58	⓲ 75	㉔ 28

2 덧셈

11 계산 Plus+ 덧셈 (1)

52쪽

53쪽

12 받아올림이 없는 (몇십)+(몇십)

54쪽

① 20
② 80
③ 40
④ 80
⑤ 90
⑥ 80

55쪽

⑦ 40
⑧ 70
⑨ 90
⑩ 40
⑪ 60
⑫ 90
⑬ 50
⑭ 70
⑮ 90
⑯ 50
⑰ 70
⑱ 80
⑲ 70
⑳ 90
㉑ 70
㉒ 80
㉓ 90
㉔ 90

56쪽

㉕ 50
㉖ 80
㉗ 50
㉘ 70
㉙ 60
㉚ 80
㉛ 60
㉜ 80
㉝ 60
㉞ 80
㉟ 80
㊱ 90

57쪽

㊲ 30
㊳ 60
㊴ 70
㊵ 90
㊶ 30
㊷ 50
㊸ 80
㊹ 90
㊺ 50
㊻ 60
㊼ 80
㊽ 50
㊾ 70
㊿ 90
(51) 60
(52) 70
(53) 90
(54) 80
(55) 90
(56) 80
(57) 90

2 덧셈

13 받아올림이 없는 (몇십몇) + (몇십몇)

58쪽

❶ 26	❸ 53	❺ 64
❷ 79	❹ 88	❻ 98

59쪽

❼ 39	⓭ 45	⓳ 78
❽ 46	⓮ 59	⓴ 89
❾ 58	⓯ 79	㉑ 97
❿ 48	⓰ 53	㉒ 83
⓫ 59	⓱ 69	㉓ 99
⓬ 79	⓲ 88	㉔ 97

60쪽

㉕ 76	㉙ 68	㉝ 76
㉖ 59	㉚ 59	㉞ 87
㉗ 37	㉛ 59	㉟ 87
㉘ 88	㉜ 96	㊱ 99

61쪽

㊲ 39	㊹ 78	�51 89
㊳ 48	㊺ 55	㊵2 98
㊴ 58	㊻ 78	㊵3 79
㊵ 69	㊼ 89	㊵4 88
㊶ 47	㊽ 63	㊵5 87
㊷ 57	㊾ 69	㊵6 96
㊸ 68	㊿ 79	㊵7 99

14 계산 Plus+ 덧셈 (2)

62쪽

❶ 60	❺ 66
❷ 70	❻ 79
❸ 80	❼ 88
❹ 60	❽ 89

63쪽

❾ 80	⓮ 77
❿ 70	⓯ 65
⓫ 90	⓰ 99
⓬ 80	⓱ 97
⓭ 90	⓲ 98

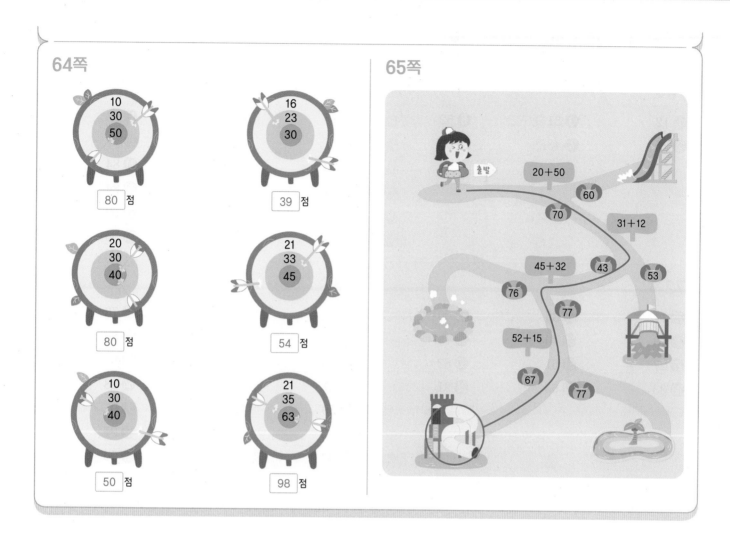

80 점

39 점

80 점

54 점

50 점

98 점

15 덧셈 평가

❶ 18
❷ 64
❸ 37
❹ 57
❺ 73

❻ 80
❼ 90
❽ 67
❾ 86
❿ 85

⓫ 22
⓬ 71
⓭ 79
⓮ 80
⓯ 69
⓰ 78

⓱ 44
⓲ 69
⓳ 70
⓴ 78

16 받아내림이 없는 (몇십몇) − (몇)

70쪽

1. 12
2. 25
3. 31
4. 43
5. 52
6. 63

71쪽

7. 13
8. 11
9. 22
10. 21
11. 32
12. 34
13. 42
14. 44
15. 51
16. 52
17. 60
18. 64
19. 73
20. 71
21. 84
22. 84
23. 92
24. 90

72쪽

25. 11
26. 13
27. 27
28. 33
29. 36
30. 40
31. 51
32. 53
33. 60
34. 72
35. 82
36. 91

73쪽

37. 12
38. 12
39. 22
40. 27
41. 30
42. 33
43. 33
44. 41
45. 42
46. 50
47. 55
48. 62
49. 66
50. 71
51. 73
52. 80
53. 82
54. 88
55. 91
56. 91
57. 96

17 받아내림이 없는 (몇십) − (몇십)

74쪽

1. 10
2. 10
3. 40
4. 30
5. 50
6. 30

75쪽

7. 20
8. 30
9. 10
10. 0
11. 30
12. 10
13. 50
14. 20
15. 60
16. 30
17. 10
18. 60
19. 30
20. 20
21. 10
22. 70
23. 60
24. 10

76쪽

㉕ 10
㉖ 30
㉗ 20
㉘ 40
㉙ 10
㉚ 40
㉛ 20
㉜ 70
㉝ 40
㉞ 20
㉟ 80
㊱ 20

77쪽

㊲ 0
㊳ 20
㊴ 0
㊵ 20
㊶ 10
㊷ 40
㊸ 0
㊹ 50
㊺ 30
㊻ 20
㊼ 60
㊽ 50
㊾ 10
㊿ 60
(51) 50
(52) 20
(53) 0
(54) 60
(55) 50
(56) 40
(57) 20

18 계산 Plus+ 뺄셈 (1)

78쪽

❶ 22
❷ 45
❸ 66
❹ 80
❺ 10
❻ 20
❼ 30
❽ 70

79쪽

❾ 10
❿ 54
⓫ 92
⓬ 20
⓭ 10
⓮ 40

80쪽

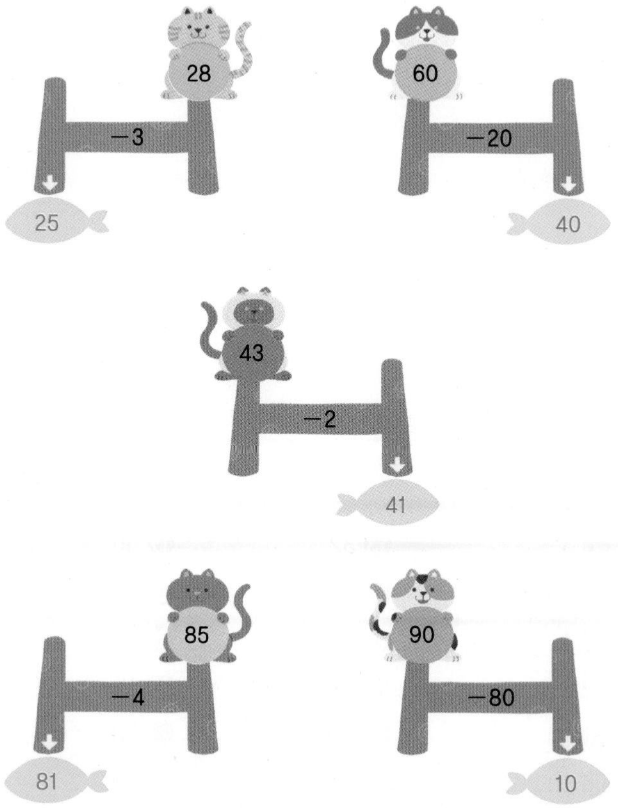

81쪽

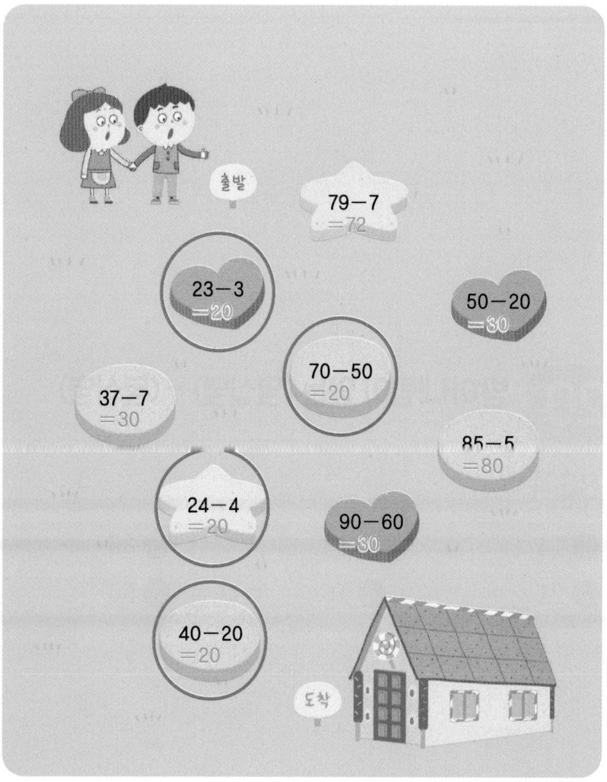

3 뺄셈

19 받아내림이 없는 (몇십몇) − (몇십)

82쪽

❶ 17	❸ 22	❺ 38
❷ 24	❹ 19	❻ 51

83쪽

❼ 5	⓭ 35	⓳ 53
❽ 14	⓮ 21	⓴ 29
❾ 9	⓯ 44	㉑ 44
❿ 23	⓰ 17	㉒ 7
⓫ 17	⓱ 32	㉓ 72
⓬ 12	⓲ 26	㉔ 26

84쪽

㉕ 9	㉙ 33	㉝ 34
㉖ 15	㉚ 16	㉞ 18
㉗ 16	㉛ 33	㉟ 15
㉘ 9	㉜ 9	㊱ 71

85쪽

㊲ 3	㊹ 15	�51 62
㊳ 11	㊺ 9	�52 16
㊴ 8	㊻ 24	�53 42
㊵ 11	㊼ 46	�54 15
㊶ 5	㊽ 38	�55 68
㊷ 28	㊾ 21	�56 44
㊸ 24	㊿ 17	�57 17

20 받아내림이 없는 (몇십몇) − (몇십몇)

86쪽

❶ 14	❸ 13	❺ 36
❷ 21	❹ 15	❻ 50

87쪽

❼ 3	⓭ 32	⓳ 50
❽ 13	⓮ 20	⓴ 23
❾ 4	⓯ 42	㉑ 70
❿ 21	⓰ 13	㉒ 12
⓫ 13	⓱ 30	㉓ 80
⓬ 10	⓲ 21	㉔ 23

88쪽

㉕ 5
㉖ 13
㉗ 11
㉘ 7
㉙ 30
㉚ 14
㉛ 31
㉜ 8
㉝ 40
㉞ 15
㉟ 13
㊱ 70

89쪽

㊲ 2
㊳ 14
㊴ 13
㊵ 21
㊶ 21
㊷ 12
㊸ 3
㊹ 41
㊺ 24
㊻ 34
㊼ 23
㊽ 54
㊾ 10
㊿ 50
(51) 12
(52) 46
(53) 24
(54) 72
(55) 50
(56) 81
(57) 41

21 어떤 수 구하기

90쪽

❶ 22, 22
❷ 20, 20
❸ 42, 42
❹ 43, 43

91쪽

❺ 22, 22
❻ 16, 16
❼ 40, 40
❽ 72, 72
❾ 41, 41
❿ 47, 47
⓫ 80, 80
⓬ 97, 97

92쪽

⓭ 16
⓮ 16
⓯ 22
⓰ 30
⓱ 40
⓲ 71
⓳ 12
⓴ 42
㉑ 20
㉒ 61
㉓ 21
㉔ 60

93쪽

㉕ 20
㉖ 27
㉗ 40
㉘ 42
㉙ 73
㉚ 40
㉛ 56
㉜ 48
㉝ 70
㉞ 69
㉟ 78
㊱ 99

22 계산 Plus+ 뺄셈 (2)

94쪽

❶ 36
❷ 16
❸ 45
❹ 23
❺ 12
❻ 20
❼ 52
❽ 31

95쪽

❾ 13
❿ 17
⓫ 58
⓬ 39
⓭ 14
⓮ 17
⓯ 22
⓰ 32
⓱ 44
⓲ 32

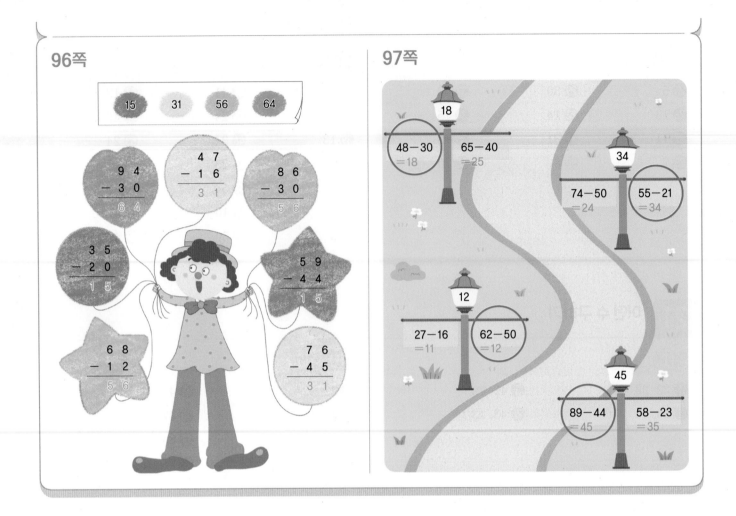

96쪽

15 31 56 64

9 4
− 3 0
6 4

4 7
− 1 6
3 1

8 6
− 3 0
5 6

3 5
− 2 0
1 5

5 9
− 4 4
1 5

6 8
− 1 2
5 6

7 6
− 4 5
3 1

97쪽

18
48−30
=18
65−40
=25

34
74−50
=24
55−21
=34

12
27−16
=11
62−50
=12

45
89−44
=45
58−23
=35

23 뺄셈 평가

98쪽

❶ 42
❷ 64
❸ 92
❹ 10
❺ 30
❻ 37
❼ 36
❽ 33
❾ 51
❿ 40

99쪽

⓫ 32
⓬ 71
⓭ 50
⓮ 22
⓯ 48
⓰ 43
⓱ 56
⓲ 40
⓳ 15
⓴ 35

4 덧셈과 뺄셈(1)

24 세 수의 덧셈

102쪽 ❶ 정답을 계산 순서대로 확인합니다.

❶ 3, 7 / 7   ❸ 4, 7 / 7   ❺ 6, 7 / 7
❷ 4, 8 / 8   ❹ 6, 9 / 9   ❻ 8, 9 / 9

103쪽

❼ 5	⑭ 7	㉑ 9
❽ 8	⑮ 9	㉒ 9
❾ 7	⑯ 7	㉓ 8
❿ 9	⑰ 9	㉔ 8
⑪ 9	⑱ 7	㉕ 9
⑫ 9	⑲ 9	㉖ 9
⑬ 8	⑳ 8	㉗ 8

104쪽

㉘ 7	㉟ 8	㊷ 9
㉙ 8	㊱ 8	㊸ 7
㉚ 7	㊲ 8	㊹ 7
㉛ 9	㊳ 9	㊺ 9
㉜ 8	㊴ 8	㊻ 8
㉝ 8	㊵ 8	㊼ 8
㉞ 4	㊶ 7	㊽ 9

105쪽

㊾ 9	56 9	63 9
50 6	57 6	64 8
51 9	58 9	65 6
52 9	59 6	66 8
53 8	60 9	67 9
54 7	61 6	68 9
55 7	62 9	69 9

25 세 수의 뺄셈

106쪽 ❶ 정답을 계산 순서대로 확인합니다.

❶ 2, 1 / 1   ❸ 3, 2 / 2   ❺ 5, 3 / 3
❷ 3, 1 / 1   ❹ 5, 3 / 3   ❻ 5, 4 / 4

107쪽

❼ 2	⑭ 1	㉑ 0
❽ 0	⑮ 2	㉒ 5
❾ 1	⑯ 0	㉓ 3
❿ 1	⑰ 2	㉔ 4
⑪ 2	⑱ 2	㉕ 2
⑫ 2	⑲ 3	㉖ 2
⑬ 4	⑳ 2	㉗ 2

108쪽

㉘ 1	㉟ 4	㊷ 1
㉙ 3	㊱ 2	㊸ 7
㉚ 1	㊲ 1	㊹ 5
㉛ 2	㊳ 4	㊺ 1
㉜ 3	㊴ 3	㊻ 3
㉝ 0	㊵ 2	㊼ 1
㉞ 3	㊶ 2	㊽ 0

109쪽

㊾ 1	56 5	63 4
50 4	57 4	64 1
51 1	58 1	65 3
52 5	59 1	66 1
53 1	60 0	67 3
54 2	61 6	68 1
55 0	62 2	69 0

26 계산 Plus+ 세 수의 계산

110쪽

❶ 4	❺ 1
❷ 5	❻ 2
❸ 9	❼ 5
❹ 9	❽ 2

111쪽

❾ 7	⓭ 0
❿ 5	⓮ 1
⓫ 9	⓯ 3
⓬ 9	⓰ 2

112쪽

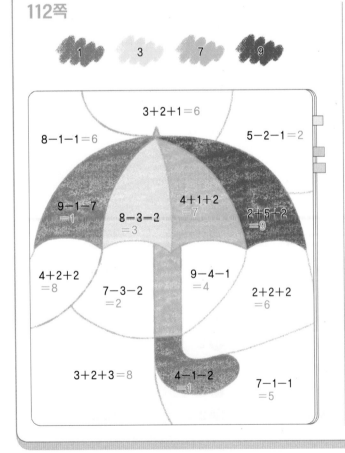

3+2+1=6

8-1-1=6

5-2-1=2

9-1-7 =1

8-3-2 =3

4+1+2 =7

2+5+2 =9

4+2+2 =8

7-3-2 =2

9-4-1 =4

2+2+2 =6

3+2+3=8

4-1-2 =1

7-1-1 =5

113쪽

27 이어 세어 두 수를 더하기

114쪽

❶ 10, 11 / 11
❷ 10, 11, 12, 13, 14 / 14
❸ 10, 11, 12, 13, 14 / 14

115쪽

❹ 13
❺ 13
❻ 14
❼ 12
❽ 16
❾ 12

116쪽

❿ 11	⓮ 12
⑪ 11	⑮ 11
⑫ 13	⑯ 13
⑬ 12	⑰ 14

117쪽

⑱ 12	㉒ 12
⑲ 12	㉓ 11
⑳ 11	㉔ 15
㉑ 15	㉕ 18

28 두 수를 바꾸어 더하기

118쪽

❶ 11, 11
❷ 11, 11
❸ 14, 14

119쪽

❹ 13, 13
❺ 12, 12
❻ 13, 13
❼ 12, 12
❽ 17, 17

120쪽

❾ 2	⑯ 7
❿ 3	⑰ 8
⑪ 5	⑱ 8
⑫ 6	⑲ 8
⑬ 6	⑳ 9
⓮ 7	㉑ 9
⑮ 7	㉒ 9

121쪽

㉓ 3	㉚ 7
㉔ 4	㉛ 8
㉕ 5	㉜ 8
㉖ 5	㉝ 8
㉗ 6	㉞ 9
㉘ 6	㉟ 9
㉙ 7	㊱ 9

4 덧셈과 뺄셈(1)

29 100이 되는 더하기

122쪽
❶ 7   ❸ 5
❷ 0   ❹ 8

123쪽
❺ / 8   ❾ / 1
❻ / 6   ❿ / 3
❼ / 5   ⓫ / 4
❽ / 2   ⓬ / 7

124쪽
⓭ 8	⓳ 3	㉕ 1
⓮ 6	⓴ 9	㉖ 5
⓯ 1	㉑ 4	㉗ 7
⓰ 2	㉒ 3	㉘ 9
⓱ 7	㉓ 8	㉙ 4
⓲ 5	㉔ 6	㉚ 2

125쪽
㉛ 7	㊲ 6	㊸ 8
㉜ 4	㊳ 8	㊹ 7
㉝ 1	㊴ 4	㊺ 9
㉞ 5	㊵ 1	㊻ 2
㉟ 2	㊶ 5	㊼ 3
㊱ 3	㊷ 9	㊽ 6

30 계산 Plus+ 덧셈

126쪽

❶ ❹
❷ ❺
❸ ❻

127쪽
❼ 8	⓭ 1
❽ 7	⓮ 3
❾ 5	⓯ 4
❿ 4	⓰ 6
⓫ 2	⓱ 7
⓬ 1	⓲ 8

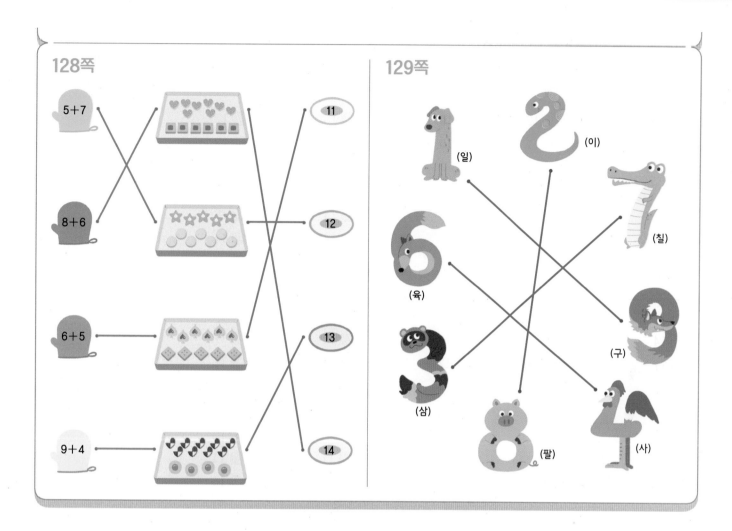

128쪽

5+7
8+6
6+5
9+4

11
12
13
14

129쪽

1 (일)
2 (이)
7 (칠)
6 (육)
9 (구)
3 (삼)
8 (팔)
4 (사)

31 10에서 빼기

130쪽

❶ 8
❷ 7
❸ 6
❹ 7

131쪽

❺ 9
❻ 7
❼ 6
❽ 5
❾ 6
❿ 7
⓫ 8
⓬ 9

132쪽

⓭ 8
⓮ 6
⓯ 2
⓰ 7
⓱ 4
⓲ 9
⓳ 5
⓴ 3
㉑ 1
㉒ 6
㉓ 2
㉔ 9
㉕ 4
㉖ 7
㉗ 8
㉘ 3
㉙ 5
㉚ 1

133쪽

㉛ 7
㉜ 6
㉝ 3
㉞ 8
㉟ 6
㊱ 9
㊲ 5
㊳ 3
㊴ 9
㊵ 4
㊶ 2
㊷ 7
㊸ 1
㊹ 2
㊺ 4
㊻ 5
㊼ 8
㊽ 1

4 덧셈과 뺄셈(1)

32 10을 만들어 세 수 더하기

134쪽 ❶ 정답을 계산 순서대로 확인합니다.

❶ 10, 13 / 13 ❸ 10, 12 / 12 ❺ 10, 14 / 14
❷ 10, 16 / 16 ❹ 10, 17 / 17 ❻ 10, 16 / 16

135쪽

❼ 15   ⓮ 17   ㉑ 12
❽ 17   ⓯ 13   ㉒ 15
❾ 19   ⓰ 15   ㉓ 14
❿ 11   ⓱ 19   ㉔ 19
⓫ 14   ⓲ 18   ㉕ 16
⓬ 16   ⓳ 14   ㉖ 17
⓭ 18   ⓴ 16   ㉗ 18

136쪽

㉘ 14   ㉟ 15   ㊷ 14
㉙ 17   ㊱ 16   ㊸ 17
㉚ 12   ㊲ 12   ㊹ 14
㉛ 16   ㊳ 18   ㊺ 12
㉜ 12   ㊴ 11   ㊻ 19
㉝ 17   ㊵ 15   ㊼ 13
㉞ 15   ㊶ 13   ㊽ 17

137쪽

㊾ 11   ㊽ 17   ⓺ 11
㊿ 17   ㊾ 17   ⓸ 16
51 18   58 14   65 15
52 14   59 12   66 19
53 15   60 18   67 16
54 11   61 14   68 19
55 18   62 15   69 19

33 계산 Plus+ 덧셈과 뺄셈

138쪽

❶ 9   ❺ 8
❷ 7   ❻ 6
❸ 4   ❼ 5
❹ 2   ❽ 1

139쪽

❾ 19   ⓭ 15
❿ 15   ⓮ 12
⓫ 14   ⓯ 18
⓬ 16   ⓰ 14

140쪽

10 − 2
8

10 − 3
7

10 − 4
6

10 − 9
1

10 − 8
2

10 − 5
5

141쪽

4+9+1=14
나무 인형 ①

2+8+5=15
나무 인형 ②

4+7+6=17
나무 인형 ③

7+2+3=13
12
나무 인형 ④

34 덧셈과 뺄셈 (1) 평가

142쪽

❶ 6
❷ 5
❸ 1
❹ 5
❺ 4

❻ 13
❼ 2
❽ 7
❾ 2
❿ 4

143쪽

⑪ 5
⑫ 3
⑬ 8
⑭ 14
⑮ 19
⑯ 11

⑰ 8
⑱ 3
⑲ 7
⑳ 17

35 10을 이용하여 모으기와 가르기

146쪽

❶ 11 / 11, 1
❷ 13 / 13, 3

147쪽

❸ 11 / 11, 1
❹ 14 / 14, 4
❺ 13 / 13, 3
❻ 12 / 12, 2

148쪽

❼ 11 / 11, 1
❽ 12 / 12, 2
❾ 13 / 13, 3
❿ 12 / 12, 2
⓫ 14 / 14, 4
⓬ 12 / 12, 2
⓭ 14 / 14, 4
⓮ 15 / 15, 5

149쪽

⓯ 12 / 12, 2
⓰ 15 / 15, 5
⓱ 11 / 11, 1
⓲ 14 / 14, 4
⓳ 16 / 16, 6
⓴ 11 / 11, 1
㉑ 13 / 13, 3
㉒ 17 / 17, 7

36 받아올림이 있는 (몇)+(몇)

150쪽 ❗정답을 계산 순서대로 확인합니다.

❶ 1, 12
❷ 1, 14
❸ 2, 12
❹ 2, 14
❺ 3, 13
❻ 4, 15
❼ 5, 14
❽ 6, 12
❾ 7, 12

151쪽

❿ 1, 13
⓫ 1, 16
⓬ 2, 13
⓭ 2, 17
⓮ 3, 13
⓯ 3, 15
⓰ 4, 11
⓱ 4, 15
⓲ 5, 12
⓳ 5, 13
⓴ 6, 11
㉑ 6, 13
㉒ 7, 11
㉓ 7, 12
㉔ 8, 11

152쪽

㉕ 11
㉖ 15
㉗ 17
㉘ 11
㉙ 15
㉚ 11
㉛ 16
㉜ 11
㉝ 15
㉞ 13
㉟ 11
㊱ 11
㊲ 14
㊳ 12
㊴ 14
㊵ 15
㊶ 12
㊷ 16
㊸ 13
㊹ 14
㊺ 11

153쪽

㊻ 11
㊼ 14
㊽ 12
㊾ 15
㊿ 12
51 13
52 13
53 11
54 14
55 13
56 11
57 12
58 12
59 16
60 12
61 16
62 17
63 18
64 13
65 11
66 13

37 받아내림이 있는 (십몇) − (몇)

154쪽 ❶ 정답을 계산 순서대로 확인합니다.

❶ 1, 7	❹ 3, 5	❼ 5, 6
❷ 2, 6	❺ 4, 7	❽ 6, 8
❸ 3, 8	❻ 5, 9	❾ 7, 8

155쪽

❿ 1, 8	⓯ 2, 3	⓴ 5, 8
⓫ 1, 5	⓰ 3, 9	㉑ 5, 7
⓬ 1, 3	⓱ 3, 6	㉒ 6, 9
⓭ 2, 8	⓲ 4, 9	㉓ 6, 7
⓮ 2, 5	⓳ 4, 6	㉔ 8, 9

156쪽

㉕ 9	㉜ 6	㉟ 6
㉖ 7	㉝ 5	㊵ 5
㉗ 6	㉞ 4	㊶ 9
㉘ 4	㉟ 9	㊷ 7
㉙ 2	㊱ 7	㊸ 9
㉚ 9	㊲ 4	㊹ 7
㉛ 7	㊳ 8	㊺ 9

157쪽

㊻ 8	㊽ 5	60 8
㊼ 8	㊾ 6	61 5
㊽ 8	55 6	62 7
㊾ 3	56 6	63 8
50 9	57 4	64 6
51 9	58 8	65 3
52 5	59 2	66 9

38 어떤 수 구하기

158쪽

❶ 7, 7	❸ 6, 6
❷ 7, 7	❹ 9, 9

159쪽

❺ 6, 6	❾ 11, 11
❻ 6, 6	❿ 12, 12
❼ 7, 7	⓫ 14, 14
❽ 9, 9	⓬ 16, 16

160쪽

⓭ 6	⓳ 8
⓮ 3	⓴ 4
⓯ 5	㉑ 5
⓰ 8	㉒ 9
⓱ 8	㉓ 9
⓲ 8	㉔ 9

161쪽

㉕ 7	㉛ 12
㉖ 3	㉜ 12
㉗ 8	㉝ 14
㉘ 8	㉞ 14
㉙ 9	㉟ 14
㉚ 9	㊱ 18

39 계산 Plus+ 덧셈과 뺄셈

162쪽

① 13
② 13
③ 11
④ 14
⑤ 4
⑥ 8
⑦ 5
⑧ 8

163쪽

⑨ 11
⑩ 14
⑪ 16
⑫ 3
⑬ 9
⑭ 8

164쪽

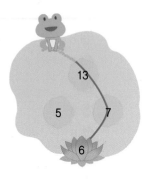

식   13-7=6

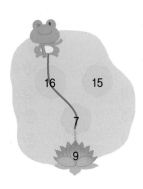

식   16-7=9

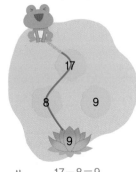

식   17-8=9

식   14-8=6

165쪽

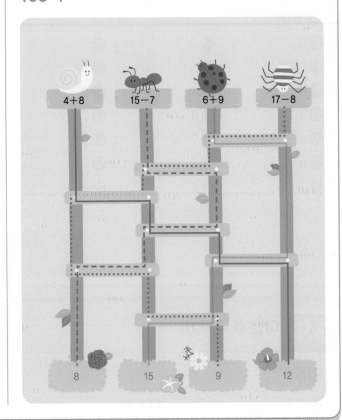

40 덧셈과 뺄셈 (2) 평가

166쪽

① 12 / 12, 2
② 13 / 13, 3
③ 14 / 14, 4
④ 15 / 15, 5
⑤ 11
⑥ 11
⑦ 14
⑧ 12
⑨ 15
⑩ 18

167쪽

⑪ 3
⑫ 6
⑬ 9
⑭ 9
⑮ 8
⑯ 7
⑰ 12
⑱ 16
⑲ 9
⑳ 8

실력 평가 1회

170쪽

1 80
2 육십칠, 예순일곱
3 72, 75
4 <
5 88
6 32
7 29
8 50
9 31
10 40
11 29
12 34
13 8

171쪽

14 12
15 4
16 4
17 5
18 7
19 1
20 14 / 14, 4
21 14
22 16
23 12
24 15
25 7

실력 평가 2회

172쪽

1 칠십, 일흔
2 54
3 88, 90
4 >
5 64
6 56
7 38
8 48
9 55
10 30
11 5

173쪽

12 3
13 1
14 7
15 8
16 4
17 5
18 9
19 13
20 15
21 12
22 13
23 4
24 7
25 9

실력 평가 3회

174쪽

1 90
2 84 / 팔십사, 여든넷
3 94, 96
4 <
5 72
6 57
7 90
8 78
9 12
10 62
11 9
12 2

175쪽

13 7
14 2
15 6
16 9
17 5
18 8
19 18
20 17
21 14
22 13
23 16
24 8
25 9

memo

완자·공부력·시리즈 매일 4쪽으로 스스로 공부하는 힘을 기릅니다.

대표전화 1544-0554

주소 서울특별시 구로구 디지털로33길 48 대륭포스트타워 7차 20층

협의 없는 무단 복제는 법으로 금지되어 있습니다.